钢渣中磷元素提取技术

吕宁宁　著

U0284163

中国建材工业出版社

北　京

图书在版编目（CIP）数据

钢渣中磷元素提取技术/吕宁宁著．--北京：中
国建材工业出版社，2024.8. -- ISBN 978-7-5160-4254-0

Ⅰ. TF341.8

中国国家版本馆 CIP 数据核字第 2024KW0161 号

内 容 简 介

钢渣中有大量未被利用的有价元素，可返回冶炼后循环再利用，但磷元素的存在易使金属液品质恶化，若要实现钢渣在钢铁行业内部大规模使用，磷的脱除是关键前提。磷又是宝贵的战略资源，是植物生长所需的主要矿物质元素之一，若将钢渣中的磷全部提取用作肥料，可极大地缓解磷矿石资源枯竭的困境且能更好地满足农业生产对磷矿石的依赖。本书主要介绍了钢渣的利用现状及磷元素提取的研究进展、钢渣多元体系的热力学性质、磷在单酸及混合酸溶液中的浸出过程及机理、生物质灰渣改质钢渣对含磷固溶体生成及磷浸出的影响规律等内容。

本书可供从事钢渣综合利用的工作人员、管理人员及技术人员参考，也可供高等院校资源循环相关专业的教师和学生阅读。

钢渣中磷元素提取技术
GANGZHA ZHONG LINYUANSU TIQU JISHU
吕宁宁　著

出版发行：中国建材工业出版社
地　　址：北京市西城区白纸坊东街 2 号院 6 号楼
邮　　编：100054
经　　销：全国各地新华书店
印　　刷：北京雁林吉兆印刷有限公司
开　　本：710mm×1000mm　1/16
印　　张：7.5
字　　数：130 千字
版　　次：2024 年 8 月第 1 版
印　　次：2024 年 8 月第 1 次
定　　价：**48.00 元**

作 者 简 介

吕宁宁，工学博士，副教授，博士生导师，安徽工业大学资源加工与循环利用系主任，冶金资源洁净高效利用省级协同创新中心副主任；兼任中国高等教育学会资源与能源分会理事、中国再生资源协会会员、工业固废综合利用产业联盟盟员、《湿法冶金》编委、*Journal of Iron and Steel Research International* 青年编委、《绿色矿冶》青年编委；主要从事冶金固废中有价元素提取的研究；先后主持国家自然科学基金面上项目、国家自然科学基金青年科学基金项目、安徽省高校自然科学研究重点项目、省高校优秀拔尖人才培育资助项目等纵向课题近 10 项，产学研项目 4 项；发表学术论文 40 余篇，授权发明专利 6 项。

前　言

钢渣是炼钢过程中的副产物，其产量为粗钢量的 $10\% \sim 15\%$。目前，我国每年产生约 1 亿吨钢渣，大部分钢渣经选铁后被弃置或填埋，仅有少部分被用作水泥或其他材料，其综合利用率长期低于 30%，累计堆存量已达 20 亿吨，不仅占用大量土地，造成资源浪费，同时也对生态环境造成了严重影响。《通用硅酸盐水泥》(GB 175—2023) 技术标准明确规定钢渣不能作为混合材料用于通用硅酸盐水泥的生产，该标准的颁布进一步限制了钢渣的利用途径，也给企业带来了巨大环保压力，因此，寻找钢渣大宗量、高附加值利用的新工艺已迫在眉睫。

一方面，从成分看，钢渣中含有大量未被利用的 CaO、FeO_x、SiO_2、P_2O_5 等有用化合物，在钢铁企业内部循环使用是其最佳利用方式之一，但钢渣中磷元素易返回金属液引起质量问题，使该技术的发展受到了限制，故若要实现钢渣返回冶炼再利用，磷的脱除是关键前提。另一方面，磷又是宝贵的战略资源，是植物生长所需的主要矿物质元素之一，若将其提取用于肥料生产，每年可减少开采 20% 的磷矿石，可极大地缓解磷矿石资源枯竭的困境且能更好地满足农业生产对磷矿石的依赖。此外，除磷后的富铁尾渣可作为烧结配矿或者转炉熔剂使用，从而降低冶炼成本，具有较好的环境和经济效益。

前人曾利用高温还原法（火法）、浮选法、磁选法对钢渣中磷进行脱除，但火法处理一般需要较高的温度，能耗较大，而且在高温反应后期，熔渣理化性质的变化还会导致反应的动力学条件不佳，脱磷效率降低。鉴于火法处理钢渣过程中存在的诸多问题，湿法处理由于具有操作简单、易于控制等优点，已逐渐成为除磷的主要手段之一。

本书在前人研究的基础上，系统地分析了钢渣中含磷固溶体的生成热力学特性，以掌握其生成的最佳条件；对磷在单酸及混合酸中的浸出规律进行了研究，并分析了不同因素对磷浸出及铁损情况的作用机制；本书研究了生物质灰渣改质钢渣对含磷固溶体生成及磷浸出的影响规律，相关研究成果可为实现钢渣中磷的低成本提取奠定理论基础，对促进钢渣的高附加值综合利用具有重要的实际意义。

全书共 6 章，由吕宁宁撰写，博士研究生方佑东参与了书中图表的绘制工作，硕士研究生杨金星、桂德培、李婷、陈慧方、郑学忠、吴建、朱隆琦参与了相关试验及理论研究工作。本书研究内容得到了国家自然科学基金（52074004）、安徽省高校自然科学研究重点项目（KJ2021A0357）的资助，也得到了安徽工业大学冶金工程学院领导和老师的大力支持。

由于作者水平所限，书中不足之处敬请广大读者批评指正。

著　者

2024 年 6 月

目　　录

1　绪论 ……………………………………………………………………………… 1

　1.1　钢渣的分类及理化性质 …………………………………………………… 1

　1.2　钢渣综合利用途径 ………………………………………………………… 5

　1.3　钢渣中磷元素脱除现状 …………………………………………………… 16

　1.4　本章小结 ……………………………………………………………………… 22

2　钢渣多元体系的热力学性质研究 ……………………………………… 23

　2.1　钢渣多元体系热力学相图的计算 ……………………………………… 23

　2.2　钢渣多元体系的高温相平衡试验 ……………………………………… 30

　2.3　本章小结 ……………………………………………………………………… 32

3　单酸溶液浸出钢渣中磷元素的研究 …………………………………… 34

　3.1　钢渣中含磷相溶解的热力学分析 ……………………………………… 34

　3.2　钢渣中磷在无机单酸中的浸出行为研究 …………………………… 40

　3.3　钢渣中磷在有机单酸中的浸出行为研究 …………………………… 48

　3.4　本章小结 ……………………………………………………………………… 54

4　混合酸溶液浸出钢渣中磷元素的研究 ………………………………… 55

　4.1　钢渣中磷在混合酸中的浸出行为研究 ……………………………… 55

　4.2　钢渣中磷在酸溶液中浸出机理的分析 ……………………………… 63

　4.3　本章小结 ……………………………………………………………………… 73

5　生物质灰渣改质钢渣对含磷固溶体生成及磷浸出的影响 ……… 75

　5.1　生物质灰渣在钢渣中的熔解机理研究 ……………………………… 75

　5.2　生物质灰渣改质对钢渣中含磷固溶体生成的影响 ……………… 97

　5.3　生物质灰渣改质对钢渣中的磷等元素浸出的影响 ……………… 101

　5.4　本章小结 ……………………………………………………………………… 103

6　总结及展望 ……………………………………………………………………… 105

参考文献 ……………………………………………………………………………… 107

1 绪 论

钢渣是指炼钢过程中排出的熔渣，占粗钢产量的 10%～15%，其主要成分是金属炉料中各元素被氧化后生成的氧化物、被侵蚀的炉衬料、补炉材料、金属炉料带入的杂质和为调整钢渣性质而加入的造渣材料，如石灰石、白云石、铁矿石、硅石等。随着我国粗钢产量的不断增加，钢渣的排放量也随之增大，其每年产生量约 1 亿吨，目前累计堆存量已达 20 亿吨，造成了严重的土地资源浪费且存在一定的环境风险。同时，钢渣中含有大量的有价元素，若将其循环利用，不仅能降低对环境的影响，还具有明显的社会效益和经济效益，因此，钢渣是一种放错了地方的资源。提高钢渣的综合利用率，实现"变废为宝"，在我国大力倡导节能减排和循环经济的背景下具有重要意义。

1.1 钢渣的分类及理化性质

1.1.1 钢渣的分类

我国目前采用的炼钢方法主要是转炉炼钢和电炉炼钢。按冶炼方法不同，钢渣可分为转炉钢渣和电炉钢渣，电炉钢渣又分为氧化渣与还原渣；按生产阶段不同，钢渣可分为炼钢渣、浇铸渣及喷溅渣；按熔渣性质不同，钢渣可分为碱性渣与酸性渣；按形态不同，钢渣可分为水淬粒状钢渣、块状钢渣和粉状钢渣等。

1.1.2 钢渣的化学成分

钢渣的组成比较复杂，根据原料、炼钢方法、生产阶段、钢种以及炉次等不同而变化。主要化学成分有氧化钙（CaO）、二氧化硅（SiO_2）、氧化亚铁（FeO）、氧化铁（Fe_2O_3）、三氧化二铝（Al_2O_3）、氧化镁（MgO）、五氧化二磷（P_2O_5）、氧化锰（MnO）和 f-CaO（游离氧化钙），此外还含有少量的五氧化二钒（V_2O_5）及二氧化钛（TiO_2）等。国内部分钢铁企业钢渣的化学组成范围见表 1-1，钢渣中钙（Ca）、铁（Fe）、硅（Si）占绝大部分，MgO 主要来自熔剂、护炉工艺以及炉衬侵蚀等，Al_2O_3 主要由熔剂、冷却剂等原料带入，其含量与熔剂、冷却剂使用比例及自身成分有关，MnO 和 P_2O_5 是转炉吹炼过程中锰和磷元素的氧化产物，其含量与入炉铁水成分及钢种终点成分要求有关。

表 1-1　国内部分钢铁企业钢渣的化学组成范围

钢渣来源	化合物含量（%）								碱度
	CaO	SiO_2	Fe_2O_3	Al_2O_3	MgO	MnO	FeO	P_2O_5	
首钢	42.4～52.7	12.3～14.9	5.3～10.4	3.0～4.3	7.4～10.0	1.1～4.6	9.5～12.3	0.2～1.3	2.7～4.1
鞍钢	39.3～45.4	8.8～19.8	8.8～10.7	2.4～4.1	8.0～11.0	1.3～2.3	16.5～21.4	0.7～0.9	2.0～4.8
太钢	47.8～52.4	13.2～14.2	7.3～8.8	2.8～2.9	6.3～9.3	1.1～2.0	13.3～20.5	0.6～1.3	3.2～3.6
武钢	42.7～58.2	13.7～19.2	3.2～24.6	2.6～3.9	2.3～9.6	1.8～4.5	7.9～21.9	1.2～1.4	2.1～3.3
马钢	41.3～43.2	11.5～15.6	5.5～6.5	2.1～3.8	3.4～7.3	1.8～2.3	15.8～19.2	1.1～4.1	2.2～3.3

1.1.3　钢渣的矿物相组成

在钢的冶炼过程中，由于不断添加石灰，碱度不断增大，其矿物组成也随碱度的变化而变化。炼钢初期，钢渣的碱度低，其主要矿物为橄榄石，随着炼钢过程中不断添加石灰，依次发生下列取代反应：

$$CaO+RO+SiO_2 \longrightarrow CaO \cdot RO \cdot SiO_2（橄榄石） \tag{1-1}$$

$$2CaO \cdot RO \cdot SiO_2（橄榄石）+CaO \longrightarrow 3CaO \cdot RO \cdot 2SiO_2（镁蔷薇辉石）+RO \tag{1-2}$$

$$3CaO \cdot RO \cdot 2SiO_2（镁蔷薇辉石）+CaO \longrightarrow 2CaO \cdot SiO_2（硅酸二钙）+RO \tag{1-3}$$

$$2CaO \cdot SiO_2（硅酸二钙）+CaO \longrightarrow 3CaO \cdot SiO_2（硅酸三钙） \tag{1-4}$$

除了以上提到的各类矿物，钢渣的主要矿物还包括 $CaO \cdot MgO \cdot SiO_2$（钙镁橄榄石）、$2CaO \cdot Fe_2O_3$（铁酸二钙）、$3CaO \cdot MgO \cdot 2SiO_2$（钙镁蔷薇辉石）、游离氧化钙（$f$-CaO）等。钢渣矿物组成与碱度的关系见表 1-2。

表 1-2　钢渣矿物组成与碱度的关系

| 碱度 | 成分组成（%） | | | | RO 相 |
	$2CaO \cdot SiO_2$	$3CaO \cdot SiO_2$	$CaO \cdot MgO \cdot SiO_2$	$3CaO \cdot MgO \cdot 2SiO_2$	（熔体）
4.25	50～60	0～5	0～5	0～5	15～20
3.07	35～45	10～20	5～10	5～10	15～20
2.73	30～35	20～30	5～10	10～20	15～20
2.62	20～30	20～25	10～15	30～40	15～20
2.56	15～25	20～35	10～15	30～40	20～31
2.20	10～15	30～40	15～20	15～20	15～20
1.24	0	5～10	20～25	20～30	5～15

由表 1-2 可知，钢渣的主要物相是 $2CaO \cdot SiO_2$，该物相可从渣熔体中直接析出，也可由 CaO 与 SiO_2 反应生成，可在石灰颗粒周围呈壳状式骨架分布，这种分布易阻止 CaO 的进一步熔解。中后期炉渣中，$2CaO \cdot SiO_2$ 可从铁酸钙或 RO 相中析出，一般呈致密枝晶状分布，这类 $2CaO \cdot SiO_2$ 常含有粒状或花瓣状 RO 或 RF 的孪晶现象，并带有解理细纹。后期高温 $3CaO \cdot SiO_2$ 冷却也析出 $2CaO \cdot SiO_2$，这类 $2CaO \cdot SiO_2$ 一般也呈致密枝晶状分布。高碱度高温炉渣熔体常析出 $3CaO \cdot SiO_2$，它的晶体为延长式（可长达 $1000\mu m$，宽 $50\mu m$）或六边形的片状，冷却时容易分解，有时 $3CaO \cdot SiO_2$ 会被析出的 $2CaO \cdot SiO_2$ 和 RO 相侵蚀取代。碱度偏高的炉渣中，与次生 $2CaO \cdot SiO_2$ 紧密共生结晶出一种较细的等轴暗色物相——RO 相，它的化学成分是(Fe，Mn，Mg，Ca)O，初生成时呈滚圆形以及枝晶状，常分布在 $2CaO \cdot SiO_2$ 间隙及空隙中，并伴有部分氧化痕迹。

钢渣中未溶解或过饱和析出的 CaO 称为游离氧化钙（f-CaO），它是影响钢渣稳定性的重要物相。此外，钢渣中还含有 10%～15% 的金属铁。电炉钢渣分为氧化渣和还原渣，氧化渣中氧化铁含量较多，其矿相成分主要是 $3CaO \cdot SiO_2$ 和 RO 相，也有 $4CaO \cdot Al_2O_3 \cdot Fe_2O_3$、$2CaO \cdot Fe_2O_3$ 和少量的 CaO。还原渣中 CaO 和 S 较多，其矿相成分主要是 $2CaO \cdot SiO_2$、RO 相。

1.1.4　钢渣的性质

钢渣是由多种矿物组成的固溶体，其性质随化学成分的变化而变化。一般而言，钢渣有下列性质。

1. 外观

钢渣冷却后呈块状或粉状，低碱度钢渣呈黑色，质量较轻，气孔较多；高碱度钢渣呈黑灰色、灰褐色、灰白色，密实坚硬。

2. 密度

钢渣中含铁量较高，因此比高炉渣密度大，一般在 $3.1 \sim 3.6 g/cm^3$。

3. 碱度

钢渣中碱性氧化物浓度总和与酸性氧化物浓度总和之比称为钢渣碱度，常用符号 R 表示。钢渣碱度的大小直接对钢渣的物理化学反应如脱磷、脱硫、去气等产生影响。根据碱度的高低通常将钢渣分为：低碱度渣（$1.3 < R \leqslant 1.8$）、中碱度渣（$1.8 < R \leqslant 2.5$）和高碱度渣（$R > 2.5$），综合利用的钢渣以中、高碱度渣为主。

4. 钢渣的氧化性

钢渣的氧化性是指在一定的温度下、单位时间内钢渣向钢液供氧的能力。在其他条件一定的情况下，钢渣的氧化性决定了脱磷、脱碳以及夹杂物的去除能力等，它是钢渣的一个重要的化学性质，通常用钢渣中最不稳定的氧化物（氧化铁）的多少来代表其氧化能力的强弱。

5. 钢渣的还原性

在平衡条件下钢渣的还原能力（即还原性）主要取决于氧化亚铁的含量，在还原性精炼时，常把降低熔渣中氧化亚铁的量作为控制钢液中氧含量的重要条件，电炉还原渣和炉外精炼渣常常要降低氧化亚铁含量，精炼渣中（$FeO + MnO$）对脱硫效果影响显著，钢渣中（$FeO + MnO$）含量越低，硫分配比越高，对脱硫越有利。

6. 耐磨性

钢渣含铁较高，结构致密，因此钢渣较耐磨，用易磨指数表示耐磨性时，标准砂为 1，高炉渣为 0.96，而钢渣仅为 0.7，这就意味着钢渣比高炉渣更难磨。由于钢渣耐磨，掺用钢渣的路面材料较好，但用于生产水泥时会降低水泥研磨的生产能力。

7. 活性

钢渣中硅酸二钙、硅酸三钙等为活性矿物，具有一定的水硬胶凝性。当钢渣的碱度 $R > 1.8$ 时，钢渣就含有 $60\% \sim 80\%$ 的硅酸二钙和硅酸三钙，并且随着碱度的提高硅酸三钙的含量也会提高，当碱度提高到 2.5 以上时，钢渣的主要矿物为硅酸三钙。利用碱度 $R > 2.5$ 的钢渣与 10% 的石膏研磨，用于生产水泥时其强度可达到32.5强度等级。

8. 抗压性

钢渣抗压性能好，压碎值为20.4%～30.8%。

9. 稳定性

钢渣含游离氧化钙（f-CaO）、游离氧化镁（f-MgO）、$2CaO \cdot SiO_2$ 和 $3CaO \cdot SiO_2$ 等，这些组分在一定条件下都具有不稳定性。碱度高的熔渣在缓冷时，$3CaO \cdot SiO_2$ 会在 $1373 \sim 1523K$ 时缓慢分解为 $2CaO \cdot SiO_2$ 和 f-CaO；$2CaO \cdot SiO_2$ 在 948K 时由 β-$2CaO \cdot SiO_2$ 发生相变为 γ-$2CaO \cdot SiO_2$，并且发生体积膨胀，膨胀率达 10%。另外，钢渣吸水后，f-CaO 消解为 $Ca(OH)_2$，体积将膨胀 100%，f-MgO 会变成 $Mg(OH)_2$，体积也要膨胀 150%，因此，含 f-CaO、f-MgO 的钢渣是不稳定的，只有当 f-CaO、f-MgO 消解完或含量很少时钢渣才会稳定。

此外，钢渣中含有微量的 FeS 和 MnS，它们在干燥的气候下稳定，而一旦遇水后就发生化学反应生成氢氧化铁和氢氧化亚铁，体积发生膨胀，从而在钢渣中产生很大内应力，引起钢渣的裂解和破碎。

1.2　钢渣综合利用途径

我国冶金渣的利用始于20世纪60年代，当时以部分水淬矿渣生产水泥为主。钢渣中因含有大量游离氧化钙和氧化镁，稳定性差，同时又因含铁量高，难以破磨，且受当时技术条件的限制，钢渣基本被抛弃，渣山成为钢厂"标配"。20世纪80～90年代，钢渣处理以回收其中的金属为主，至2000年，国内大部分钢厂建有废钢回收线，尾渣则多用于铺路和填埋。21世纪开始，钢渣向综合利用方向发展，如用于烧结、冶炼熔剂、生产钢渣水泥和建筑砌块等。近些年来，钢渣处理利用技术不断发展，一批批规模化钢渣深加工生产线建成并运行，但总体来说，我国钢渣尾渣（钢渣经破碎磁选处理后所得的金属铁含量小于2%的钢渣）利用率仍然不高，仅为25%～30%，从20世纪90年代初至2020年年末，钢渣尾渣累计堆存量近20亿吨，占地20多万亩，造成水-土-气复合污染问题突出，同时存在一定的安全隐患。

目前发达国家如美国、德国和日本等钢渣利用率普遍高于90%，其中50%以上的钢渣用于建筑业，30%用于厂内循环利用，经过长期的发展完善，国外钢渣消纳利用已经形成了成熟的途径和方法，基本实现了钢铁生产的物料大平衡。但因其废钢作为炼钢原料比例较大（美国电炉钢占50%，日本占30%，中国仅占10%），钢渣产量相对较小，钢渣的物性和矿物结构与国内相比也有一定差异，钢铁冶炼水平和发展阶段与国内不同，使其钢渣处理利用的工艺技术借鉴意义不大，国内钢渣处理技术仍要走自我探索、自我发展之路。自"十一五"以来，国内出台了多项有关冶金渣综合利用的产业政策，起到了加大推动创新技术的应用力度、科学合理利用冶金渣资源、提高钢铁渣的综合利用水平、降低污染排放、促进企业节能减排、绿色发展的作用。2019年，国家发展改革委办公厅、工业和信息化部办公厅联合下发《关于推进大宗固体废弃物综合利用产业集聚发展的通知》，其重点任务中提出：积极推动高炉渣、钢渣及尾渣深度研究、分级利用、优质优用和规模化利用；全面实现钢渣"零排放"。2021年3月，国家发展改革委办公厅等十部委联合印发的"发改环资〔2021〕381号"文指出：推进大宗固废综合利用对提高资源利用效率、改善环境质量、促进经济社会发展全面绿色转型具有重要意义。可以看出，实现钢渣的综合利用具有重要意义。

1.2.1 钢渣用作水泥原料

由于钢渣中含有和水泥相类似的硅酸三钙、硅酸二钙及铁铝酸盐等活性矿物质，具有水硬胶凝性，并且含量在50%左右，因此可成为生产无熟料或少熟料水泥的原料，也可作为水泥掺和料。由于它是在1773K以上生成，因此称为过烧熟料。目前国外生产的钢渣水泥品种有无熟料钢渣矿渣水泥、少熟料钢渣矿渣水泥、钢渣沸石水泥、钢渣矿渣硅酸盐水泥、钢渣矿渣高温型石膏白水泥和钢渣硅酸盐水泥等，并有相应的国家标准及行业标准。各种钢渣水泥配比见表1-3。

表1-3 各种钢渣水泥的配比

品种	强度等级	配比（%）				
		熟料	钢渣	矿渣	沸石	石膏
无熟料钢渣矿渣水泥	22.5～32.5	—	40～50	40～50		8～12
少熟料钢渣矿渣水泥	27.5～32.5	10～20	35～40	40～50		3～5
钢渣沸石水泥	27.5～32.5	15～20	45～50	—	25	7
钢渣硅酸盐水泥	32.5	50～65	30	0～20		5
钢渣矿渣硅酸盐水泥	32.5～42.5	35～55	18～28	22～32		4～5
钢渣矿渣高温型石膏白水泥	32.5	—	20～50	30～55		12～20

以上水泥适于蒸汽养护,具有后期强度高、耐腐蚀、微膨胀、耐磨性能好、水化热低等特点,并且还具有生产简便、投资少、设备少、节省能源和成本低等优点。其缺点是早期强度低、性能不稳定,因此限制了它的推广和利用。

此外,由于钢渣水泥中的氧化钙含量较高,用它作原料配制水泥生料,越来越引起人们重视。据报道,日本研究用钢渣生产铁酸盐水泥,其水泥的抗压强度和其他主要性能几乎与硅酸盐水泥一样。工艺流程是将石灰石、高炉渣和钢渣以及少量的二氧化硅,按比例磨细混合,制成直径为 0.5～1.5cm 的小球,在 1613～1733K 温度下煅烧 30min。与普通硅酸盐水泥相比,铁酸盐水泥早期强度高,水化热低。铁酸盐水泥中掺入石膏后可生成大量硫铁酸盐,能有效地减少水泥的干缩和提高抗海水腐蚀的性能。

我国目前生产的钢渣水泥主要有钢渣矿渣水泥、水泥掺和料、钢渣白水泥和钢渣混凝土及其制品等。

1. 钢渣矿渣水泥

钢渣的生成温度高,结晶致密,晶粒较大,水化速度缓慢,水硬性好,是优质水泥熟料。把处理后的钢渣与一定量的高炉水渣、煅烧石灰、水泥熟料及少量激发剂配合球磨,即可生产出与 42.5 强度等级普通硅酸盐水泥的指标相同的钢渣矿渣水泥。钢渣水泥不仅具有与矿渣水泥相同的物理化学性能,还具有水化热低、后期强度高、抗冻、抗腐蚀、抗折强度高和耐磨等特点,因此它是理想的一般工业和民用建筑、地下工程、防水工程、大体积混凝土工程、机场跑道、高速公路桥梁和海湾等工程材料。

生产钢渣矿渣水泥,要求钢渣碱度不低于 1.8,金属铁含量不超过 1%,$f\text{-CaO}$ 含量不超过 5%,并不得混入废耐火材料等杂质;钢渣配入量不得少于34%,水泥熟料配量不得超过 20%。钢渣水泥的组分见表 1-4。

表 1-4　钢渣水泥组分

项目	水泥类型	钢渣(%)	矿渣(%)	激发剂(%)	其他	水泥性能
无熟料钢渣矿渣水泥	快凝快硬钢渣矿渣水泥	40～70	10～34	烧石膏 15～30	常规早强剂(硅酸钠、硫酸钠、氯盐等)	初凝 9～30min,终凝 13～42min,早期强度高

项目	水泥类型	钢渣（％）	矿渣（％）	激发剂（％）	其他	水泥性能
无熟料钢渣矿渣水泥	快硬钢渣矿渣水泥	42～43	51～54	—	—	凝结时间与普通水泥相似，凝结 3h，早期强度高，3d 达到 29MPa，28d 达到 50.8MPa
	新型碱金属高强度等级钢渣矿渣水泥	40～47.5	47.5～56	碱金属（CaO、FeO、Al_2O_3）4～6SiO_2／Na_2O，水和固体 0.8～2.1	—	3d 达到 20MPa，28d 达到 55～65MPa
少熟料钢渣矿渣水泥	高强度等级钢渣矿渣水泥	30～40	35～45	熟料 20～30	外加剂 5％～10％（无水硫酸钠与无水硫酸钠混合物）	凝结时间与普通水泥相似，稳定生产 42.5 强度等级水泥
	高强度等级早凝早强钢渣矿渣水泥	35～45	35～45	熟料 5～20，烧石膏 5～7	早凝早强剂	早凝早强 42.5 强度等级水泥

2. 水泥掺和料

钢渣因其活性大、水硬性高、产量大、成本低而成为水泥生产中首选掺和料，掺 10％～15％钢渣生产的普通硅酸盐水泥，对水泥指标及使用均无不良影响，但原料较难磨。对用作水泥掺和料的钢渣的要求，与生产钢渣矿渣水泥对钢渣的要求相同。

3. 钢渣白水泥

钢渣白水泥是以电炉还原渣或钢包精炼炉（LF 炉）精炼渣为主要原料，这种渣具有与水泥熟料相近的化学成分和矿物组成。矿物组成有七铝酸十二钙与氟铝酸钙固溶体、β型硅酸二钙、铝酸三钙等活性矿物，以及 γ 型硅酸三钙、方镁石与黄长石等惰性矿物。还原渣在一定条件下能够水化，并产生一定的强度，是一种较好的水硬性胶凝材料。以它为主要成分，加入适量的煅烧石膏和一定的掺和料，磨细制成钢渣白水泥，水泥白度为 75 度，初凝时间大于 45min，水泥压蒸安定性合格，有较好的抗碳化性能，抗冻循环

100 次以上，抗干湿循环的性能比掺方解石的好，可满足建筑装饰工程要求。

4. 钢渣混凝土及其制品

利用钢渣生产的混凝土，目前有湿碾钢渣混凝土和碳化钢渣混凝土两种。

（1）湿碾钢渣混凝土。水淬电炉钢渣作湿碾钢渣混凝土时，用轮碾机干碾 30～40min，再加入水泥、熟石膏和水碾压 20min，即为湿碾钢渣砂浆混合料，可生产各种构件。构件成形后静停 3h 左右，然后用蒸汽养护。

（2）碳化钢渣混凝土。用电炉粉化钢渣作胶凝材料，配入一定数量的骨料，如河砂、卵石及炉渣等，再用二氧化碳废气养护，可以生产出各种碳化钢渣混凝土制品。碳化钢渣混凝土工艺简单，成本低廉，用它可以生产中型砌块、钢筋混凝土承重构件、空心楼板、屋面屋架等。实践证明在 1～4 层楼的民用建筑和单层工业厂房使用，构件完整，表面光滑，没有裂缝、脱边和起砂等现象。

1.2.2　钢渣用作筑路或回填材料

钢渣碎石具有密度大、强度高、表面粗糙不易滑移、抗压强度高、稳定性好、耐磨与耐久性好、抗腐蚀、与沥青结合牢固的特点，因而可广泛用于各种路基材料、工程回填、修砌加固堤坝、填海工程等领域。钢渣用于道路的基层、垫层及面层，一般还需在钢渣中加入粉煤灰、适量水泥或石灰作为激发剂，然后压实成为道路的稳定基层。由于钢渣具有一定活性，能板结成大块，特别适于沼泽、海滩筑路造地。钢渣用作公路碎石，用材量大并具有良好的渗水与排水性能，用于沥青混凝土路面，耐磨防滑。钢渣作铁路道渣，除了前述优点外，由于其导电性小，不会干扰铁路系统的电信工作。

钢渣代替碎石用于筑路和回填工程要注重稳定性，钢渣中 $f\text{-}CaO$ 吸水体积膨胀会出现碎裂和分化现象，国外一般是洒水堆放半年后才能使用，以防钢渣体积膨胀，破裂粉化。我国钢渣用作工程材料的基本要求是：陈化钢渣粉化率不能高于 5%，级配合适，最大块径不能超过 300mm，尽可能与适量粉煤灰、炉渣或黏土混合使用，严禁将块状钢渣代替碎石作混凝土骨料使用。

1.2.3　钢渣用作土壤改良剂和肥料

钢渣中含有大量有益于植物生长的元素如硅（Si）、钙（Ca）、磷（P）等，而且大部分钢渣内的有害元素含量符合有关农用标准要求，因而适合用于生产农业肥料和土壤改良剂。通过几十年的施用实践证明，钢渣应用于农业生产是十分有效的再利用途径。

1. 土壤改良剂

钢渣中含有较高的钙、镁元素，磨细后可用作酸性土壤改良剂。酸性土壤的改良多习惯采用施用石灰来调节其 pH 值、改善土壤结构和增加孔隙度等，但长期施用石灰会引起钙（Ca）、镁（Mg）、钾（K）等元素失衡，降低镁的活性和肥料有效性。而采用钢铁渣调整土壤的酸碱度不仅能供给土壤钙元素营养，同时也能达到利用钢渣中磷（P）、硫（S）等有益元素的目的。

2. 钢渣磷肥

钢渣是一种以钙、硅为主，含多种成分，具有速效又有后劲的复合矿质肥料，由于钢渣在冶炼过程中经高温煅烧，其溶解度已大大改变，所含各种主要成分易溶量达全量的 $1/3 \sim 1/2$，有的甚至更高，容易被植物吸收。钢渣中的磷几乎不溶于水，而具有较好的枸溶性，可在植物根部的弱酸环境下溶解而被植物吸收，因而钢渣磷肥是一种枸溶性肥料。钢渣中含有微量的锌（Zu）、锰（Mu）、铁（Fe）、铜（Cu）等元素，对缺乏此微量元素的不同土壤和不同作物，也同时起不同程度的肥效作用。实践证明，不仅钢渣磷肥肥效显著，即使是普通钢渣也有肥效；不仅适用于酸性土壤，而且在缺磷碱性土壤中使用时也可增产；不仅水田施用效果好，即使是旱田钢渣肥效仍起作用。

3. 硅肥

硅是水稻生长必需且需求量大的元素，它有提高其抗病虫害的能力。将 SiO_2 含量大于 15% 的钢渣细磨至 0.246mm 以下，即可作为硅肥用于水稻田，但需要量较大时才具有增产效果。钢铁渣中的硅是呈枸溶性的，枸溶率可以达到 80% 以上。水稻施用钢渣，能抗病虫害，稻谷生长饱满，空壳率低，干粒重。根据有关栽培试验，在施用钢铁渣合成的硅肥的水稻生产中取得了增产 12.5%～15.5% 的效果。

4. 钾肥

利用钢渣生产缓释性钾肥，是近年来资源化利用钢渣的一种新兴技术。其生产工艺为在炼钢铁水进行脱硅处理时，将碳酸钾（K_2CO_3）连续加入到铁水包内，向包内吹入氮气，并不断搅动，使 K_2CO_3 熔入炉渣中，铁水脱硅处理后的炉渣经冷却后磨成粉状肥料。

所合成的无机钾肥中 K_2O 质量分数可达到 20% 以上，肥料由玻璃态和结晶态的物质组成，其中结晶态物质主要为 $K_2Ca_2Si_2O_7$。这种肥料难溶于水，但可以溶于柠檬酸等弱酸中，是一种具有缓慢释放特性的肥料。日本肥料与种子研究协会对这种肥料与其他的商业硅钾肥进行了施用效果的调查研究，对比的农作物有稻米、甘蓝、菠菜等，结果表明施用此种肥料的作物产量要好于其他种类的肥料。

5. 复合微量元素肥料

随着化肥施用技术的发展，人们意识到目前制约农作物生长因素已经不仅仅是氮、磷、钾，还有锌、锰、铁、硼、钼等微量元素。钢铁渣中含有较多的铁、锰等对作物有益的微量元素，同时可以在钢厂出渣过程中，在高温熔融态的炉渣中添加锌、硼等的矿物微粉，使其形成具有缓释性的复合微量元素肥料。复合肥料作为农业基肥施用到所耕种的土壤里，可以解决长期耕作土壤的综合缺素问题，并增加作物内的微量元素含量水平，提高其品质。采用出渣过程中在线添加的生产工艺可以充分利用高温炉渣中蕴含的热能，避免再次加热熔化的能量消耗，起到节能和环保的效果。

1.2.4 钢渣用作废水吸附剂

利用钢渣制作吸附剂，尤其是废水处理吸附剂是钢渣综合利用的新方法，所制作的吸附剂是一种新型的吸附材料。与其他吸附材料相比，钢渣制作吸附剂，尤其是制作废水处理吸附剂的优势明显，吸附性能优异、易于固液分离、钢渣性能稳定，无毒害作用、变废为宝、以废治废，社会效益、经济效益和环保效益显著。钢渣来源广泛，价格低廉，十分有利于废水处理厂降低废水处理成本。利用钢渣吸附剂可以用来处理含砷、含铜、含磷、含镍和含铬废水等。

1.2.5 钢渣用作脱除烟气中的二氧化硫（SO_2）

煤炭燃烧产生的烟气中含 SO_2 等多种大气污染物，钢渣吸附 SO_2 实质并不是吸附过程，而是钢渣中的碱性氧化物溶于水后与 SO_2 发生了化学反应，是一种吸收过程。烟气温度越高，脱硫效率越低。因为烟气温度高，加上钢渣内保持的水分不多，表面水分很快蒸发，CaO 难以溶解，不易与 SO_2 反应。将饱和的钢渣放置 2~3h 后，钢渣对 SO_2 的吸收能力可以得到恢复。出现这一现象的主要原因是：钢渣以颗粒状态与烟气接触，吸收过程在颗粒表面进行，化学反应迅速消耗表面的碱性物质，吸收过程的继续要靠钢渣颗粒内部碱性物质向外扩散补充，由于扩散速率小于化学反应消耗速率，表面碱性物质不足，因而吸收效率下降，停止吸收后碱性物质仍继续向外扩散，当表面有足够数量的碱性物质时，吸收能力便得以恢复。

1.2.6 钢渣用作生产微晶玻璃

生成微晶玻璃的化学组成选择范围很宽，钢渣的基本化学组成就是硅酸盐成分，其成分一般都在微晶玻璃形成范围内，能满足制备微晶玻璃化学组分的要求。微晶玻璃由于其具有机械强度高、耐磨损、耐腐蚀、电绝缘性优良、介电常数稳定、线膨胀系数可调、热稳定和耐高温等特点，除广泛应用于光学、电子、宇航、生物等高新技术领域作为结构材料和功能材料外，还可大量应用于工业和民用建筑作为装饰材料或防护材料。

美国报道利用钢渣制造富 CaO 的微晶玻璃，具有比普通玻璃高两倍的耐磨性及较好的耐化学腐蚀性。西欧报道用钢渣制造出透明玻璃和彩色玻璃陶瓷，拟用作墙面装饰块及地面瓷砖等。我国这方面研究较晚，但已经取得了较大的进展，据报道湖南大学肖汉宁、武汉理工大学程金树、华中科技大学杨家宽等人分别利用钢渣成功研制出性能优良的建筑微晶玻璃。

1.2.7 钢渣在冶金行业内部循环利用

1. 钢渣用作烧结熔剂

烧结是指将各种粉状原料如铁矿粉、转炉尘、铁屑等含铁粉状原料配加适量的碱性熔剂和烧结燃料，将这些原料混合均匀，然后置于烧结设备上点火烧结。在高温条件下混合料中部分原料发生软化，熔化成液相，与周围未熔的粉状颗粒黏结，经冷却凝固后，将原来粉状的混合原料黏结成块状，形成人造块矿。在烧结过程中可以将部分需要在高炉冶炼过程中加入的熔剂提前配加到烧结料中，这样可以将能够在低温条件下发生的反应移至高炉外进行，进而在高炉冶炼时可以不加或少加熔剂，有利于提高高炉冶炼效果、降低高炉焦比。此外，烧结过程加入石灰石、白云石等熔剂有利于提高烧结料的成块性能，改善料层的透气性，提高烧结矿的产量，改善烧结矿的质量。在生产实践中，选择合适的烧结熔剂并合理地使用，成为改善烧结矿冶金性能和强化烧结过程的有效手段。

由铁矿石制备烧结矿时，一般选择添加石灰石等作为助熔剂，而钢渣中含有钙、铁、硅、镁等有益元素，其中 CaO 含量一般可达到 40% 以上，且其本身是熟料，因此可替代部分白云石、石灰石等用作烧结熔剂。我国首钢、武钢、安钢、太钢等均把钢渣返回烧结使用，这样不仅节省了天然熔剂材料，也削弱了碳酸盐和镁酸盐分解产生的热效应，减少了烧结过程的燃料消耗，同时钢渣中还含有 Fe、FeO、MnO 等，可以起到替代部分铁矿和锰矿的作用。烧结矿中适量配入钢渣后，能使结块率提高，粉化率降低，成品率增加，再加上钢渣疏松、粒度均匀、料层透气性好，也有利于烧结造块及提高烧结速度。钢渣的配加量要视铁矿石的品位及含磷量而定，一般品位高、含磷低的精矿，可配加 4%～8% 的钢渣。以掺配 4% 的钢渣用于烧结为例，每吨烧结矿可节省石灰约 30kg，节能高达 23MJ。如果以 1t 钢渣消耗量来计，可分别节省石灰、铁精矿和锰矿 550kg、33kg 和 100kg，为企业带来良好的社会效益和经济效益。济钢自 20 世纪 70 年代起将转炉尾渣全部返回烧结，最终使产量提高了 11.7%。由于国内各烧结厂原料条件及操作要求不同，钢渣的使用情况及配入钢渣对烧结矿冶金性能及烧结经济技术指标的影响也不尽相同。国内部分钢厂采用烧结配加钢渣的情况见表 1-5。

表 1-5 国内部分钢厂采用烧结配加钢渣的情况

项目	新余	首钢	邯钢	南钢	重钢	太钢	攀钢	鞍钢
钢渣配入量（kg/t）	1.00	4.00	6.00	8.88	9.00	6.00	7.50	59.40
转鼓指数提高（%）	0.20	0.40	0.40	2.20	0.35	0.54	0.92	0.35

烧结中配加钢渣要注意的是磷富集的问题。据统计，烧结矿中钢渣配比增加 10kg/t，烧结矿的磷含量将增加约 0.0038%，而相应铁水中磷含量将增加 0.0076%。为了降低磷的富集，比较可行的措施是控制烧结矿中钢渣的配入比例，也可以在烧结矿生产过程中停止配加钢渣，待磷降下来后再恢复配料。另外，钢渣的粒度过大对烧结矿质量也会带来不利影响，如钢渣平均粒度过大，较粗的钢渣在烧结混合料中产生偏析，造成烧结矿的碱度波动，给高炉生产带来不利影响，为此应该增强钢渣的破碎和筛分能力，保证粒度的均匀性。

2. 钢渣用作高炉熔剂和铁水脱硅剂

（1）钢渣用作高炉熔剂

转炉钢渣中含有 40%～50% 的 CaO、6%～10% 的 MgO，将其回收作为高炉助熔剂可代替石灰石、白云石，从而节省矿石资源。另外，由于石灰石（$CaCO_3$）、白云石 $[CaMg(CO_3)_2]$ 分解为 CaO、MgO 的过程需耗能，而钢渣中的 Ca、Mg 等均以氧化物形式存在，从而节省了大量热能。并且钢渣用作高炉熔剂时可提高铁水的含锰量，在某些特定条件下还能富集钒、铌等有益元素，促进资源的综合回收利用。钢渣中残留的金属铁也能得到回收，另外磷、锰等元素可增强铁水的流动性，避免铁水黏罐。利用 1t 钢渣的纯利润在 50 元以上，加上回收废钢的价值，其经济效益较好。但钢渣中的强碱性物质易对高炉的使用寿命产生影响，因此应控制钢渣的用量，高炉冶炼配加的钢渣量主要取决于钢渣中有害成分磷的含量以及高炉需要加入的石灰石用量。

（2）钢渣用作铁水脱硅剂

铁水预处理对转炉无渣、少渣炼钢以及纯净钢的生产具有重要意义，主要在鱼雷罐车或铁水包中采用喷粉的方法进行，使用的粉剂为人工合成熔剂，铁水脱硅是实现铁水预处理"三脱"（脱硅、脱磷、脱硫）的重要环节。近年来，随着国内溅渣护炉工艺的广泛应用，转炉炉龄已普遍超过 5000 炉，传统的三吹二或二吹一的转炉配置已不再适用生产要求，而采用二吹二或一吹一的工艺又会造成原有转炉设备的闲置。因此，日本住友金属公司和新日铁公司采用转炉及返回转炉钢渣进行铁水预处理，将转炉内处理后的铁水兑入另外的转炉进行炼钢，转炉钢渣再返回到铁水预处理转炉中。显然，利用转炉钢渣替代普通合成粉剂用于铁水预处理不仅可以产生巨大的经济效益，还具有优化环保的良好社会生态效益。

一般固体脱硅剂的选择以提供氧源的材料为主剂，并配加适量辅剂调整炉渣碱度，改善炉渣流动性。主要是利用铁的氧化物 Fe_3O_4、Fe_2O_3 和 FeO 向铁水供氧，将铁液中的 ［Si］ 进行选择性氧化处理，生成 SiO_2 进入渣相，从而实现对铁水的脱硅处理。

3. 钢渣用于转炉炼钢

（1）钢渣作为冷却剂

在转炉冶炼生产过程中，一般采用球团矿或铁矿石作为助熔剂和冷却剂。球团矿、铁矿石作为助熔剂的原理是利用成分中的铁氧化物降低石灰熔点，从而达到助熔炉渣的目的；作为冷却剂的原理是利用其本身的热容较大，可以吸收熔池中的热量且成分中的 FeO 可以氧化熔池中的 C，该反应为还原反应，反应过程吸热，从而起到降低熔池温度的目的，但是转炉炼钢使用球团矿或铁矿石时存在以下缺点：

① 两者原料中 SiO_2 含量较高，会增加冶炼所需的石灰用量；

② 两者原料中 FeO 含量较高，若加入量不当，会增加炉渣中 FeO 含量，容易引起转炉的溢渣和喷溅事故；

③ 两者在转炉终点加入的降温效果极好，但是会造成渣中 FeO 含量增高进而造成钢水中氧含量较高，使脱氧剂的用量增加。

　　而利用钢渣经过滚筒渣磁选铁装置磁选出的粒钢可替代铁矿石应用于转炉的冶炼生产。粒钢的典型化学成分见表 1-6。

表 1-6　粒钢的典型化学成分

成分	TFe	FeO	SiO$_2$	CaO	MgO	Al$_2$O$_3$	MnO	S	Na
含量（%）	65	9.07	4.96	13.95	4.00	1.16	1.05	0.08	0.03

　　按粒钢 1t 的成本为 500 元，铁矿石和球团矿均价为 780 元/t 计，粒钢的全铁含量高于球团矿（球团矿全铁约 63%），每使用 1t 粒钢，炼钢成本降低 280 元以上，从经济上讲粒钢在转炉使用经济效益明显。除经济效益外，还有以下的优点：

　　① 粒钢在皮带机上的运输稳定性好，在皮带机上跑滚散落的量远远低于球团矿和铁矿石；

　　② 粒钢有害成分 SiO$_2$ 含量低于球团矿，加入转炉中化渣效果优于球团矿和铁矿石；

　　③ 粒钢有利于钢渣中的含铁物质在转炉冶炼过程中参与反应，经还原带入钢液，有利于降低钢铁原料的消耗；

　　④ 作为冷材，后期加入 300kg 粒钢，降温热效应为 278～280.4K（125t 熔池钢水，粒钢中 30% 的氧化铁含量计算值），球团矿降温热效应为 279～283.4K，虽然粒钢降温效果不及球团矿，但加入球团矿一旦操作不慎容易引起喷溅，粒钢则相对稳定；

　　⑤ 粒钢磷、硫含量高于球团矿，但是加入量在 300～800kg 时，按照粒钢中磷、硫的存在形式，根据热力学条件的影响，可以认为粒钢对熔池中磷、硫含量的负荷基本可以忽略。

　　综上所述，滚筒渣磁选铁用于转炉炼钢是推动实现厂内钢渣循环利用、降低钢铁原料消耗、降低炼钢成本的一项较为实用的工艺。不足之处是降温效果不及铁矿石，在铁水量供应较充足、炼钢生产节奏较快、废钢价格比较低的场合不宜大量使用，但是在炼钢铁水量不足、废钢价格比较高的情况下，作为转炉的冷材使用是一种大有前途的铁矿石替代品。

　　（2）钢渣作为压渣剂

　　转炉吹炼钢水到终点，有时需要将转炉向出渣方向倾翻 75°～90°，倒出部分的炉渣进行测温取样的操作，也有采用副枪系统的转炉，不进行测温取样，直接在吹炼结束以后，倒炉出钢。由于转炉在吹炼终点时炉渣泡沫化程度严重，因此无论采用哪一种方式，在转炉倾动时炉内泡沫化严重的炉渣都会从炉口溢出，若不采取措施，需要等待炉渣的泡沫化程度衰减到一定程度，才能够倾翻炉体，进行测温取样或者出钢操作。为了解决这种矛盾，通常在转炉吹炼终点时进行消泡，消泡一方面是通过向炉内加入原料、击碎炉渣泡沫、快速降低炉渣温度、提高炉渣黏度，以达到压渣的目的；另一方面通常在原料中加入少量碳质材料，对炉渣进行脱氧以降低渣中 FeO，提高炉渣熔点和黏度，同时在转炉底吹搅拌的作用下，可以强化钢渣界面反应，获得更好的压渣效果。消泡所用的消泡剂在转炉中通常称为压渣剂，传统的压渣剂一般采用含 SiO_2 为主的原料，一种常见的压渣剂成分见表 1-7。

表 1-7　一种常见压渣剂的成分

成分	SiO_2	Al_2O_3	CaO	MgO	Fe_2O_3	T. C	S	P	水分
含量（%）	48～55	10～25	2～10	5～10	1～3	3～10	≤0.5	≤0.5	≤1

使用以上类型的压渣剂，会增加渣中 SiO_2 含量、降低炉渣的碱度，影响炉内溅渣护炉的效果。将转炉钢渣经过破碎、磁选，然后按 10～50mm 粒度要求进行筛选后，即可作为冶炼终点的压渣剂使用。从消泡原理分析认为，利用钢渣进行压渣消泡侧重于物理作用，使用含碳质材料消泡则侧重于化学作用。

钢渣除了可以替代压渣剂消泡、调渣，还可以通过结合碳质材料对炉渣起稠化作用，减少转炉出钢过程中的下渣量，降低脱氧剂、铁合金及钢包调渣剂的消耗，实现转炉不倒炉出钢，缩短冶炼及溅渣时间，节约转炉辅助作业时间，缩短冶炼周期，减少转炉因倒渣产生的温度、热量损失及铁损，提高氧气利用率和一次拉碳率。

1.3　钢渣中磷元素脱除现状

当前，国内主流的钢渣处理工艺为热闷（热泼）后多级破碎和磁选，得到的大块渣钢返回炼钢作冷却剂使用；具有磁性的钢渣粉返回烧结或高炉作为含铁原料使用；无磁性的尾渣则用于生产钢渣砖和水泥等建材。钢渣返回利用到烧结、炼铁、炼钢等工序，实现厂内有效循环利用渣中的铁和 CaO 等熔剂组分，能最大限度地避免资源浪费，节约运输成本。采用目前工艺处理后的钢渣，有一个无法避免的问题就是有害元素磷带来的影响。磷元素是钢中最主要的有害杂质之一，在铁矿石选矿和钢铁冶金过程中，除磷均是最重要的任务之一。由于钢渣中含有 1‰～3‰ 的 P_2O_5，因此钢渣的循环利用必然会造成铁水中磷元素的富集。因此，对返回利用钢渣中的磷含量有严格限制，通常钢渣中磷含量超过 0.8% 则不能返回烧结使用。因此，为了更大程度地对钢渣进行有效利用，在钢渣进入工厂循环利用之前必须对其进行脱磷处理。

1.3.1　热还原法脱磷

由于还原剂的价格低廉，而且钢渣本身具有较高的显热，因此，人们利用还原法对钢渣中磷的脱除进行了大量的研究。根据还原剂的种类，可分为碳热还原法和硅热还原法，相关的还原反应机理见式（1-5）～式（1-9），根据还原剂的存在形态，又可分为固体还原和熔融铁浴还原。

$$3CaO \cdot P_2O_5 + 5C(s) = 3CaO + 1/2P_4(g) + 5CO(g) \tag{1-5}$$

$$P_2O_5(l) + 5C(s) = P_2(g) + 5CO(g) \tag{1-6}$$

$$P_2O_5(l) + 5CO(g) = P_2(g) + 5CO_2(g) \tag{1-7}$$

$$3CaO \cdot P_2O_5 + Si(s) = 3CaO + 1/2P_4(g) + SiO_2(l) \tag{1-8}$$

$$2P_2O_5(l) + 5Si(s) = P_4(g) + 5SiO_2(l) \tag{1-9}$$

1. 固体碳热还原法

日本学者曾在转炉出钢温度下，向渣中添加碳粉对钢渣进行还原。结果表明，钢渣中 90% 的 P_2O_5 可被还原，其中 60% 以上的磷进入铁相，20% 被以气体的形式脱除，仅有少量的磷存在于渣内，脱磷率最高可达 90%。当固体碳与熔融钢渣充分接触时，在反应界面处会形成过饱和的碳氧浓度积。在这种状态下，还原反应会在一定范围内得到促进，在固体碳表面产生的 CO 气体会迅速逸出，形成一层 CO 气膜，这层薄膜可以将钢渣与固体碳隔离起来，对磷蒸气来说这相当于是一层保护罩。在 CO 气膜的保护下，CO 持续与钢渣中的 P_2O_5 反应，同时产生 CO_2 气体。反应结束后，生成的 CO_2 气体与固体碳相遇生成 CO，反应过程的示意图如图 1-1 所示，反应步骤可分为 4 步：

（1）P_2O_5 从熔渣扩散到渣-气界面；

（2）P_2O_5 在界面处发生还原反应；

（3）反应生成的 CO_2 从渣-气界面扩散到气-碳界面；

（4）CO_2 在气-碳界面发生还原反应。

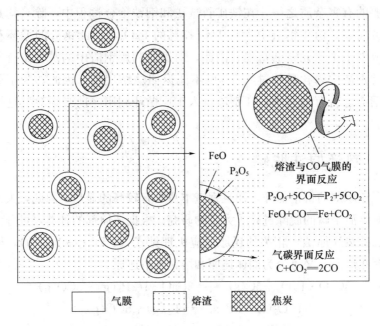

图 1-1　磷还原过程的气-渣-碳反应示意图

2. 固体硅热还原法

通过向转炉钢渣中加入硅质还原剂，证实了该还原剂还原钢渣中磷的可行性，磷的气化脱除率最高可达 81.23%。温度对还原脱磷的影响最大，FeO 含量次之，再次是氮气流量及炉渣碱度。

3. 熔融铁浴还原法

当利用铁水中的溶解碳还原钢渣时，超过 80% 的 FeO 和 P_2O_5 可被还原，P_2O_5 的还原速率受限于渣-碳界面的化学反应，还原出的磷大部分以蒸气形式挥发，相比于固体碳，溶解碳还原钢渣的效果更好。由于磷易溶解于铁水中，而且与氧的结合力低于 Si、C 等还原剂，学者们提出了在铁浴中用焦炭还原钢渣的思路，当磷和铁充分进入铁水中后，再对得到的高磷铁水进行脱磷处理以得到高 P_2O_5 含量的炉渣。此外，在钢渣中添加 SiO_2 和 Al_2O_3 改质剂，可降低炉渣碱度，加速还原反应的进行，50% 的磷可在 5～20min 内被还原。

高温还原钢渣尽管可实现磷的有效脱除，但在还原反应后期，熔渣理化性质的变化易导致反应的动力学条件不佳，还原效率降低。而且碳热或硅热还原反应为吸热反应，需要在较高温度下进行，能耗较大。另外，火法还原钢渣大多把磷当作有害元素进行脱除，未考虑磷资源的回收利用，尽管可将磷还原至铁水中得到高磷铁水，但也存在工艺能耗高及高磷铁水处理困难等问题。

1.3.2　物理法脱磷

钢渣中的磷主要赋存在 $2CaO \cdot SiO_2\text{-}3CaO \cdot P_2O_5$ 固溶体中，Fe、Mg、Mn 等元素也组成了不同的物相，各物相在高温下的密度和磁性等会产生显著的差异，基于此现象，一些学者尝试利用物理法研究了磷的分离行为，主要包括浮选分离法、磁选分离法、超重力分离法和毛细吸附法。

1. 浮选分离法

基于 P_2O_5 易固溶在 $2CaO \cdot SiO_2$ 相中的现象，在炉渣冷却过程中，可使 $2CaO \cdot SiO_2$ 优先结晶，利用其与液相的密度差使磷富集相分离，将钢渣在高温状态缓慢冷却后去除上半部分，可得出 70% 的含磷富集相。为保证钢渣具有良好的流动性，渣中的 w（$FeO+Fe_2O_3+MnO$）含量需不低于 30%，当初始冷却温度大于 1853K，降温速度低于 273K/min 时才可实现含磷富集相的上浮。

2. 磁选分离法

钢渣中 $CaO\text{-}SiO_2\text{-}Fe_tO$ 基体相中存在大量的铁氧化物，呈现出较强的磁性，而富含 P_2O_5 的 $2CaO \cdot SiO_2\text{-}3CaO \cdot P_2O_5$ 固溶体相磁性较弱。根据钢渣中两种矿物相间的磁性差异，可对破碎后的脱磷钢渣施加强磁场来分离含磷固溶体和含铁基体相。研究表明，转炉钢渣中 74% 的磷可以转移到非磁性相中，83% 的铁和锰可进入磁性相，但磁性相易与 $2CaO \cdot SiO_2$ 形成嵌布，很难实现完全除磷。通过添加 SiO_2、Al_2O_3 和 TiO_2 等化合物对钢渣进行高温熔融改质处理，使磷最大限度富集到 $2CaO \cdot SiO_2\text{-}3CaO \cdot P_2O_5$ 等非磁性相中，之后采用磁选法分离了富磷的非磁性相和低磷的磁性相，富磷相可用作农用磷肥原料，低磷相可返回转炉使用。

3. 超重力分离法

为了进一步解决高温熔融钢渣中含磷固溶体上浮速度慢、分离效率低等问题，可通过超重力技术来强化传质和相际分离。通过 Stokes 公式计算结果表明，在常重力场下，含磷固溶体颗粒上浮到钢渣上层过程缓慢、耗时长，而在超重力场的作用下可获得更高的重力加速度 g，从而增加两相接触过程动力学因素即浮力因子，大幅度缩短含磷固溶体的上浮时间，理论上证明了利用超重力法富集和分离钢渣中固溶体相的可行性。熔融钢渣经过超重力分离后，出现明显的分层现象，上层组织疏松多孔，下层光滑而较为致密，物相分析可知上层主要为含磷的 $2CaO \cdot SiO_2$ 相，而下部主要由铁铝酸钙和 RO 相组成。上层组织中富磷相的体积分数沿着超重力方向呈现梯度分布，并且随着富集时间及重力系数的增加，梯度分布越明显。提高重力系数、熔渣温度和超重力处理时长均有利于超重力磁选分离的进行。

4. 毛细吸附法

由于毛细吸附作用，熔融钢渣能逐渐侵蚀烧结 CaO，渣中 P_2O_5 以 $4CaO \cdot P_2O_5$ 形式被固结。根据这一现象，可利用多孔烧结 CaO 来促进熔融钢渣中含磷 $2CaO \cdot SiO_2$ 相与液相渣之间的分离。当烧结 CaO 颗粒投入到固液相共存的钢渣中时，含 Fe_tO 液相渣通过毛细气孔被烧结 CaO 吸收，而含磷的 $2CaO \cdot SiO_2$ 固相颗粒则残留在烧结 CaO 表面，从而实现了渣中磷、铁的分离。该方法能回收钢渣中 87% 的 P_2O_5 和 90% 的 FeO，含有 FeO 的烧结 CaO 可当作冶金原料或熔剂直接在冶金流程循环利用，而分离得到的含磷 $2CaO \cdot SiO_2$ 相可作为一种磷资源。当采用 $CaCO_3$ 代替烧结 CaO 作为吸附剂时，钢渣中 P_2O_5 的回收率可进一步提升至 91%。

物理法处理钢渣在一定条件下可实现磷的回收，但通常对分离条件要求较高。如浮选法需要较高的开始温度和缓慢的冷却速度，才能充分满足含磷富集相上浮的条件。钢渣中各物相由于容易形成嵌布，导致磁选法很难彻底分离出含磷的非磁性相，而且该法需要将钢渣研磨至较小的粒度，也会使能耗升高。

1.3.3 湿法脱磷

鉴于火法处理钢渣存在能耗高及反应条件苛刻等问题，近年来，人们开始考虑用湿法来回收钢渣中的有价元素。湿法处理不需要较高的反应温度，操作简便，而且对钢渣中元素的分布没有较高的要求，已经成为目前较热门的方法。针对钢渣中的磷资源，学者们主要研究了其在海水、无机酸及有机酸中的溶出行为。

1. 磷在海水中的浸出

日本等国学者提出了将钢渣用于填海再利用，不仅能减少钢渣的堆积占地，还可促进浮游植物的生长，从而减少大气中 CO_2 的总量。因此，针对钢渣中 Ca、P、Fe、Si 等元素在海水中的溶出进行了一系列的研究。总体而言，Ca、Fe、Si 元素的溶出率要高于 P 元素，然而磷是植物生长所必需的营养元素，提高其在海水中的溶出率对实现钢渣在海水中的应用具有重要的意义。$4CaO \cdot P_2O_5$ 中磷的溶出率要明显高于 $3CaO \cdot P_2O_5$ 和 $2CaO \cdot SiO_2$-$3CaO \cdot P_2O_5$ 中磷的溶出率。钢渣中磷通常会以 $3CaO \cdot P_2O_5$ 或 $2CaO \cdot SiO_2$-$3CaO \cdot P_2O_5$ 的形式存在，导致其很难在海水中溶出。但当钢渣与海水的固液比增大时，磷的溶出率有升高的趋势；在海水中添加葡萄糖酸可显著提高磷的溶出率。另外，将疏浚土与钢渣混合放入海水中也可促进磷的溶出，但相关的作用机制还需进行深入研究。总体而言，受海水 pH 值较高的影响，磷的溶出率较低，如改变钢渣或海水成分，又存在工艺复杂等问题，钢渣在海水的完全利用还存在一定困难。

2. 磷在无机酸中的浸出

钢渣中的磷在硝酸（HNO_3）、盐酸（HCl）、硫酸（H_2SO_4）中的溶出规律如图 1-2 所示，由图可知，当酸的浓度相同时，HNO_3 及 HCl 溶液的溶磷效果要明显好于 H_2SO_4 溶液，提高 HNO_3 溶液的浓度可促进磷的溶出。但在磷的溶出过程中，铁的溶出率通常也较高，导致磷资源的回收变得困难。向含磷浸出液中加入羟基磷灰石钙以去除铁离子，当溶液 pH 值为 1.5，反应 4h 后铁的去除率达到 100%。将除铁后的浸出液 pH 值调整至 7.0，会有淡粉色固体沉淀出现，经 ICP-AES、XRD/XRF 分析得出，浸出液及固体沉淀中磷的含量分别为 3.5% 和 42.0%。因此，钢渣经过 HNO_3 溶液溶解、除铁和沉淀等处理后，可以实现磷资源的富集和回收。

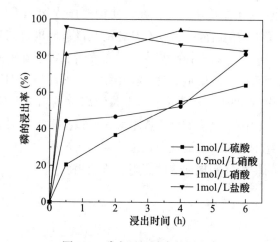

图 1-2 磷在无机酸中的浸出率

3. 磷在有机酸中的浸出

研究发现，植物在磷胁迫的条件下，根部会分泌有机酸对土壤中的难溶性磷进行活化，进而促进植物对磷元素的吸收。在磷胁迫的条件下，植物主要分泌的有机酸有：柠檬酸、酒石酸、草酸与苹果酸，这四种有机酸对土壤中难溶性磷的活化作用顺序为：苹果酸<酒石酸<草酸<柠檬酸。

受此启发，学者们又研究了钢渣在柠檬酸溶液中的浸出规律。结果表明，磷在 2％柠檬酸溶液中的浸出率最高可达到 97.9％，证明了含磷固溶体具有枸溶性（易溶于有机酸），而 CaO/SiO_2、CaO/P_2O_5、$CaO/(SiO_2+P_2O_5)$ 的增大有利于磷的溶解。钢渣中的 $2CaO \cdot SiO_2\text{-}3CaO \cdot P_2O_5$ 固溶体在 2％柠檬酸溶液中具有较好的溶解度；CaF_2 的加入会使钢渣中形成 $Ca_5(PO_4)_2F$（氟磷灰石），不利于磷的浸出；MgO、MnO、Na_2O 与 SiO_2 的加入可以抑制难溶相 $\beta\text{-}Ca_3(PO_4)_2$ 的生成，从而提高浸出液中可溶性磷的浓度；Al_2O_3 与 TiO_2 的加入可以提高含磷固溶体中磷的含量，从而有利于磷的浸出。当利用 Na_2SiO_3 对钢渣进行改质处理时，改质后 $2CaO \cdot SiO_2\text{-}3CaO \cdot P_2O$ 固溶体转变为 $2CaO \cdot SiO_2\text{-}2CaO \cdot Na_2O \cdot P_2O_5$，可促进磷的浸出。

1.4 本章小结

本章首先介绍了钢渣的来源及理化性质、预处理及加工工艺，之后对钢渣的综合利用途径及磷元素脱除的现状进行了总结。当前我国每年都会产生大量钢渣，但其利用率长期在低位徘徊，其返回冶金流程再利用已被视为最佳利用途径之一，但钢渣中有害元素磷的存在，使钢渣作为熔剂返回冶炼受到了限制。尽管火法可实现磷的脱除，但存在能耗高及设备要求苛刻等问题，而湿法处理由于具有操作简单、易于控制等优点，已逐渐成为脱除钢渣中磷的主要手段之一。但当利用无机酸溶解钢渣时，存在浸出液酸性强、钢渣铁损率高等问题。而以有机酸作浸出剂，尽管可以实现磷的高效浸出以及抑制铁元素的浸出，但有机酸价格较高，钢渣的处理成本大，使该技术的发展受到了限制。因此，还需深入研究钢渣及酸溶液性质在磷元素浸出过程中的作用机理，以达到低成本处理的目的，最终实现钢渣的高附加值利用。

2　钢渣多元体系的热力学性质研究

通常，随着炼钢操作工艺的变化，钢渣的成分波动较大，不同钢渣中磷的赋存形式也变化较大，由于各含磷物相在溶液中的溶解性质不同，导致磷在溶液中的浸出率也存在较大差异。相关研究已证实，当磷在钢渣中以 $2CaO \cdot SiO_2\text{-}3CaO \cdot P_2O_5$ 固溶体的形式存在时，其在溶液中的浸出率可显著提高。因此，改变钢渣性质，促进钢渣中 $2CaO \cdot SiO_2\text{-}3CaO \cdot P_2O_5$ 固溶体的生成已被视为实现磷高效浸出的主要途径之一。含磷固溶体的生成与渣系成分关系密切，应首先从热力学上分析其生成的最佳条件，为此，本章对不同钢渣体系的热力学相图进行了计算和分析，以期掌握有利于 $2CaO \cdot SiO_2\text{-}3CaO \cdot P_2O_5$ 固溶体生成的渣系组成。

2.1　钢渣多元体系热力学相图的计算

2.1.1　相图计算方法

基于 FactSage7.2 软件平台，相图计算的基本原理是能量最小原理，即在热力学平衡条件下，给定体系的组成、温度和压力，计算出各种物相组成的自由能，通过寻优法、迭代法、分步迭代法等数学方法求得体系达到最低自由能的平衡状态。对于体系液相自由能的描述选择扩展的似化学模型，固溶体相自由能的描述采用化合物能模型，简单氧化物则采用科勒展开多项式模型描述，在进行利用三元氧化物体系热力学性质外推计算四元、五元氧化物体系热力学性质时则采用多项式模型。

2.1.2　相图的计算结果

1. $CaO\text{-}SiO_2\text{-}P_2O_5(5\%)\text{-}FeO$ 体系的相图计算

低氧分压条件下 $CaO\text{-}SiO_2\text{-}P_2O_5(5\%)\text{-}FeO$ 体系在不同温度下的热力学相图如图 2-1 所示。由图 2-1 可知，1573K 下该热力学体系的相平衡关系比较复杂，存在液相区、液相与固相的共存区、固相与固相的共存区等，可生成 SiO_2、$CaSiO_3$、

Ca_2SiO_4、$Ca_3Si_2O_7$、$Ca_3P_2O_8$、$Ca_4P_2O_9$、$Ca_5P_2SiO_{12}$、$Ca_7P_2Si_2O_{16}$、$Monoxide$ 等物相。含有 $Ca_5P_2SiO_{12}$（$2CaO \cdot SiO_2$-$3CaO \cdot P_2O_5$ 固溶体）的析晶区包括：$L+CaSiO_3+Ca_5P_2SiO_{12}$，$L+Ca_5P_2SiO_{12}$，$L+Ca_4P_2O_9+Ca_5P_2SiO_{12}$，$L+Ca_3Si_2O_7+Ca_5P_2SiO_{12}+Ca_2SiO_4$，$L+Ca_5P_2SiO_{12}+Monoxide$，$L+Ca_3Si_2O_7+Ca_5P_2SiO_{12}$，

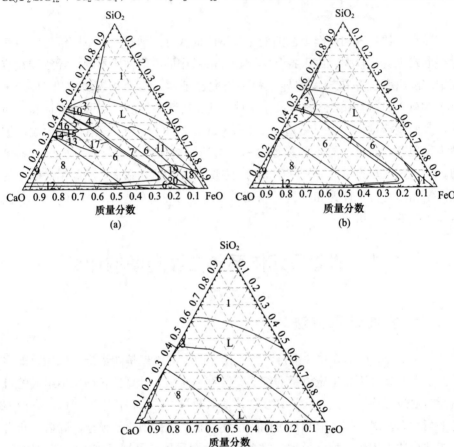

图 2-1 氧分压 1.0×10^{-3} Pa 下 CaO-SiO_2-P_2O_5（5%）-FeO 体系的等温截面图

(a) 1573K；(b) 1673K；(c) 1773K

1—$L+SiO_2$，2—$L+SiO_2+CaSiO_3$，3—$L+CaSiO_3$，4，5—$L+CaSiO_3+Ca_5P_2SiO_{12}$，

6，7，20—$L+Ca_5P_2SiO_{12}$，8，9—$L+Ca_5P_2SiO_{12}+Monoxide$，

10，12—$L+Ca_4P_2O_9+Ca_5P_2SiO_{12}+Monoxide$，11—$L+Ca_3P_2O_8$，

13—$L+Ca_5P_2SiO_{12}+Ca_2SiO_4$，14—$L+Ca_3Si_2O_7+Ca_5P_2SiO_{12}+Ca_2SiO_4$，

15—$L+Ca_3Si_2O_7+Ca_5P_2SiO_{12}$，16—$L+CaSiO_3+Ca_3Si_2O_7+Ca_5P_2SiO_{12}$，

17—$L+Ca_7P_2Si_2O_{16}$，18—$L+Ca_3P_2O_8+Monoxide$，19—$L+Ca_5P_2SiO_{12}+Monoxide$

L＋CaSiO₃＋Ca₃Si₂O₇＋Ca₅P₂SiO₁₂，当温度升至 1673K 时，L＋Ca₅P₂SiO₁₂ 的析晶区逐渐扩大，含 CaSiO₃ 的析晶区逐渐缩小，而含 Ca₂SiO₄ 和 Ca₃Si₂O₇ 的析晶区则消失。当温度升至 1773K 时，大部分析晶区消失，L＋Ca₅P₂SiO₁₂ 的析晶区有扩大的趋势，但不明显。以上结果说明，升高温度有利于液相与含磷固溶体析晶区的形成，但当温度超过 1673K 后，该析晶区变化不大。

温度对 CaO-SiO₂-P₂O₅(5％)-FeO 体系液相线的影响如图 2-2 所示。由图可知，随着温度的升高，CaO-SiO₂-P₂O₅(5％)-FeO 体系的液相线向 CaO-SiO₂ 边界扩展的趋势较明显，而且有向高 CaO 及高 SiO₂ 含量方向扩展的趋势。氧分压对 CaO-SiO₂-P₂O₅(5％)-FeO 体系液相线的影响如图 2-3 所示。由图可知，

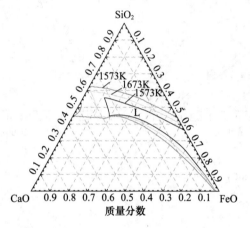

图 2-2 温度对 CaO-SiO₂-P₂O₅(5％)-FeO 体系液相线的影响

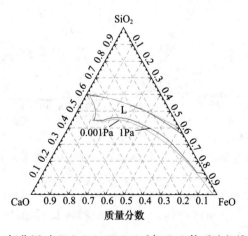

图 2-3 氧分压对 CaO-SiO₂-P₂O₅(5％)-FeO 体系液相线的影响

当氧分压由 1Pa 降至 0.001Pa 时，$CaO-SiO_2-P_2O_5$（5％）-FeO 体系的液相线向高铁区扩展，但向高 SiO_2 含量等方向移动的趋势不明显。

2. $CaO-SiO_2-P_2O_5$（5％）-FeO-MgO 体系的相图计算

氧化镁含量对 $CaO-SiO_2-P_2O_5$（5％）-FeO 体系液相线的影响如图 2-4 所示。由图可知，添加氧化镁后，体系中主要存在 SiO_2、$CaSiO_3$、Ca_2SiO_4、$Ca_4P_2O_9$、$Ca_5P_2SiO_{12}$、Monoxide 等物相。除 L＋SiO_2、L＋$CaSiO_3$ 外，其他析晶区内均

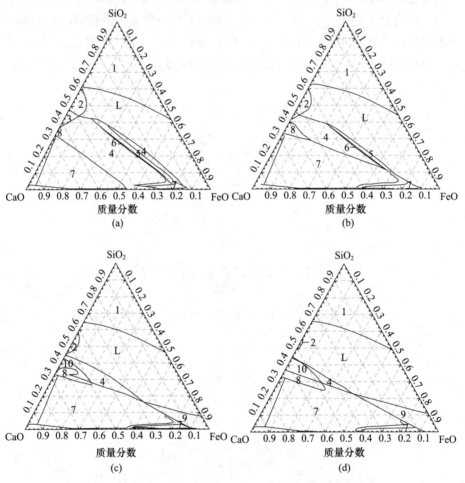

图 2-4 氧化镁含量对 $CaO-SiO_2-P_2O_5$（5％）-FeO-MgO 体系相平衡关系的影响

(a) 2％；(b) 4％；(c) 6％；(d) 8％

1—L＋SiO_2，2—L＋$CaSiO_3$，3—L＋$CaSiO_3$＋$Ca_5P_2SiO_{12}$，4—L＋$Ca_5P_2SiO_{12}$，

5—L＋$Ca_5P_2SiO_{12}$＋SiO_2，6—L＋$Ca_5P_2SiO_{12}$＋Monoxide＋$CaSiO_3$，

7—Monoxide＋L＋$Ca_5P_2SiO_{12}$，8—L＋Ca_2SiO_4＋$Ca_5P_2SiO_{12}$，

9—Monoxide＋L＋Ca_2SiO_4＋$Ca_5P_2SiO_{12}$，10—Monoxide＋$Ca_5P_2SiO_{12}$

含有 $Ca_5P_2SiO_{12}$ 相。随着氧化镁含量的增加，$L+Ca_5P_2SiO_{12}$ 区域呈先扩大后缩小的趋势，而含 Monoxide 的析晶区则逐渐扩大，因此，应控制钢渣中氧化镁含量低于 4%，才有利于 $Ca_5P_2SiO_{12}$ 相的生成。

3. $CaO\text{-}SiO_2\text{-}P_2O_5(5\%)\text{-}FeO\text{-}MnO$ 体系的相图计算

氧化锰含量对 $CaO\text{-}SiO_2\text{-}P_2O_5(5\%)\text{-}FeO$ 体系液相线的影响如图 2-5 所示。由图可知，当添加氧化锰到渣中后，体系中所含的物相与添加氧化镁后的相

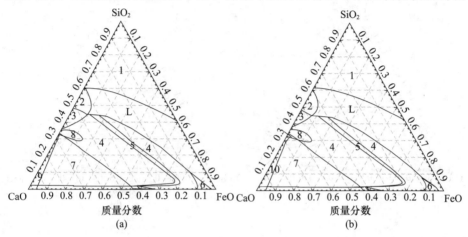

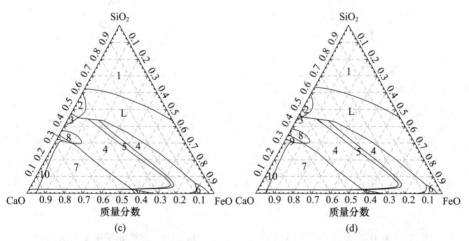

图 2-5 氧化锰含量对 $CaO\text{-}SiO_2\text{-}P_2O_5(5\%)\text{-}FeO\text{-}MnO$ 体系相平衡关系的影响

(a) 2%；(b) 4%；(c) 6%；(d) 8%

1—$L+SiO_2$，2—$L+CaSiO_3$，3—$L+CaSiO_3+Ca_5P_2SiO_{12}$，4—$L+Ca_5P_2SiO_{12}$，5—$L+Ca_5P_2SiO_{12}+SiO_2$，

6—$L+Ca_5P_2SiO_{12}+Monoxide+CaSiO_3$，7—$Monoxide+L+Ca_5P_2SiO_{12}$，8—$L+Ca_2SiO_4+Ca_5P_2SiO_{12}$，

9—$Monoxide+L+Ca_2SiO_4+Ca_5P_2SiO_{12}$，10—$Monoxide+Ca_5P_2SiO_{12}$

似，但随着氧化锰含量的增加，各物相的析晶区变化不大，因此，钢渣中氧化锰对含磷固溶体生成区域的影响不大。

4. CaO-SiO_2-P_2O_5（5％）-FeO-Al_2O_3 体系的相图计算

氧化铝含量对 CaO-SiO_2-P_2O_5（5％）-FeO 体系液相线的影响如图 2-6 所示。由图可知，添加氧化铝后，钢渣体系中的主要物相与添加氧化镁时几乎相同，

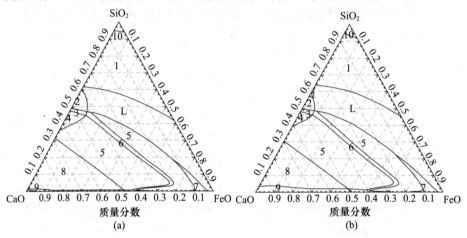

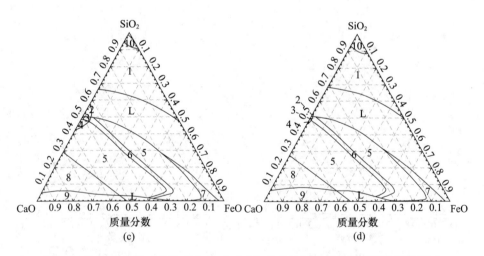

图 2-6　氧化铝含量对 CaO-SiO_2-P_2O_5（5％）-FeO-Al_2O_3 体系相平衡关系的影响

(a) 2％；(b) 4％；(c) 6％；(d) 8％

1—L+SiO_2，2—L+$CaSiO_3$，3—L+$CaSiO_3$+$Ca_5P_2SiO_{12}$，4—L+$CaSiO_3$+$Ca_5P_2SiO_{12}$，

5—L+$Ca_5P_2SiO_{12}$，6—L+$Ca_5P_2SiO_{12}$+SiO_2，7—L+$Ca_5P_2SiO_{12}$+$Monoxide$+$CaSiO_3$，

8—$Monoxide$+L+$Ca_5P_2SiO_{12}$，9—L+$Monoxide$，10—L+$Al_2P_2O_8$+SiO_2

但新生成了 $Al_2P_2O_8$ 相，总体上，随着氧化铝含量的增加，$L+Ca_5P_2SiO_{12}$ 析晶区变化不大。

5. CaO-SiO_2-P_2O_5（5％）-FeO-K_2O 体系的相图计算

氧化钾含量对 CaO-SiO_2-P_2O_5（5％）-FeO 体系液相线的影响如图 2-7 所示。由图可知，添加氧化钾后，钢渣中的物相明显减少，而且随着氧化钾含量的升高，$L+Ca_5P_2SiO_{12}$ 析晶区逐渐缩小，而液相区则逐渐扩大，说明添加氧化钾会大幅降低钢渣的熔化温度，但氧化钾含量较高时将不利于含磷固溶体的生成。

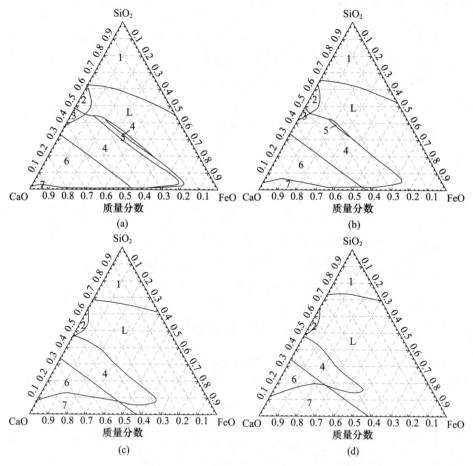

图 2-7　氧化钾含量对 CaO-SiO_2-P_2O_5（5％）-FeO-K_2O 体系相平衡关系的影响

(a) 2％；(b) 4％；(c) 6％；(d) 8％

1—$L+SiO_2$，2—$L+CaSiO_3$，3—$L+CaSiO_3+Ca_5P_2SiO_{12}$，

4，5—$L+Ca_5P_2SiO_{12}$，6—$Monoxide+L+Ca_5P_2SiO_{12}$，7—$L+Monoxide$

2.2 钢渣多元体系的高温相平衡试验

为了验证热力学软件计算结果的准确性，本节选取了其中的一个渣系，通过高温相平衡试验测定了液相线位置的变化规律及各体系的相平衡关系，并与采用 FactSage7.2 计算所得相图进行了比较。采用高温平衡试验、试验试样急冷、扫描电镜等方法来研究渣系在高温下的液相线位置变化和相平衡关系。

2.2.1 试验原料

选取了 1773K 下 CaO-SiO_2-P_2O_5（5%）-FeO 体系中液相线附近的成分点进行高温相平衡试验，成分点在相图中的位置如图 2-8 所示，其中 M_1、M_2、M_3 位于纯液相区，M_4 及 M_5 位于液相线上，化学成分组成见表 2-1。

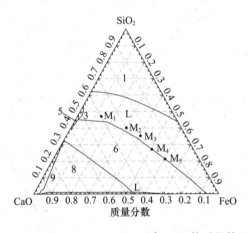

图 2-8　1773K 时 CaO-SiO_2-P_2O_5（5%）-FeO 体系的等温截面图

表 2-1　试验样品的成分组成

样品	成分组成（%）			
	CaO	SiO_2	FeO	P_2O_5
M_1	38.0	45.1	11.9	5.0
M_2	28.5	38.0	28.5	5.0
M_3	23.8	33.2	38.0	5.0
M_4	20.5	27.0	47.5	5.0
M_5	16.7	21.3	57.0	5.0

2.2.2 试验步骤

首先按试验样品组分要求称量各化学试剂，然后将称量后的试剂放入研钵内充分混匀、研磨，再将研磨所得粉末压制成直径约为 15mm、厚度适中的薄块状试样。之后将样品放入铂金坩埚中，并外套石墨坩埚后置于高温管式炉内。升温前，先向电阻炉内通入氩气约 30min 以达到试验要求的气氛条件。为缩短试验达平衡所需要时间，首先将高温炉升至 1773K 温度以上并保温 1～2h，然后以 278K/min 的速度降至 1773K 并保温 24h，整个试验过程氧分压保持恒定。试验结束后，将试样从高温炉中取出并在水中急冷，利用扫描电子显微镜分析其物相组成及成分。

2.2.3 试验结果

试样中各物相的成分分析结果见表 2-2，试样的扫描电镜图如图 2-9 所示。由表 2-2 及图 2-9 可知，M_1、M_2 及 M_3 渣样中仅存在液相，而 M_4 及 M_5 渣样中则含有液相及 $2CaO \cdot SiO_2\text{-}3CaO \cdot P_2O_5$ 固溶体相，试验测定结果与 FactSage 软件计算出的结果基本一致，从而验证了该体系液相线位置 FactSage 软件计算结果的准确性。

表 2-2 试样中各物相成分的分析结果

渣样	平衡相	化学成分（%）			
		CaO	SiO₂	FeO	P₂O₅
M_1	液相	39.4	45.1	10.6	4.9
M_2	液相	28.9	37.0	28.9	5.2
M_3	液相	24.1	33.5	37.7	4.7
M_4	液相	21.2	26.8	50.5	1.5
	含磷固溶体相	43.4	37.3	3.6	15.7
M_5	液相	17.2	21.2	60.4	1.2
	含磷固溶体相	43.3	36.7	3.0	17.0

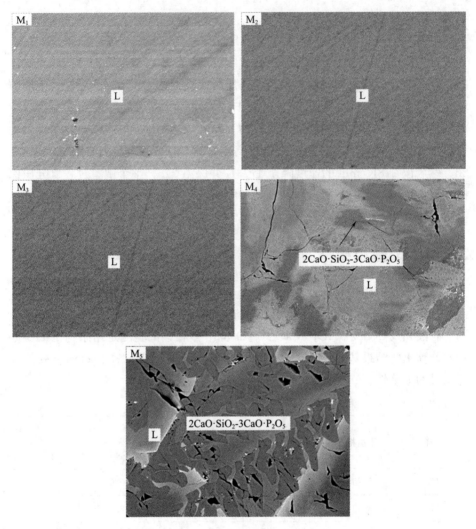

图 2-9　试样的扫描电镜图

2.3　本章小结

本章利用 FactSage 热力学软件绘制了钢渣多元体系的热力学相图,分析了温度、氧分压及成分组成等对渣系中含磷固溶体析晶区范围的影响规律,并通过高温相平衡试验对热力学计算结果进行了验证,得出以下结论:

（1）CaO-SiO$_2$-P$_2$O$_5$（5％）-FeO 体系中主要含有 SiO$_2$、CaSiO$_3$、Ca$_2$ SiO$_4$、

$Ca_3Si_2O_7$、$Ca_3P_2O_8$、$Ca_4P_2O_9$、$Ca_5P_2SiO_{12}$、$Ca_7P_2Si_{12}O_{16}$、Monoxide 等物相；升高温度有利于液相与含磷固溶体析晶区的形成，但当温度超过 1673K 后，该析晶区变化不大。

（2）随着氧化镁含量的升高，$L+Ca_5P_2SiO_{12}$ 区域呈先扩大后缩小的趋势，但应控制钢渣中氧化镁含量低于 4%，才有利于 $Ca_5P_2SiO_{12}$ 相的生成；氧化锰及氧化铝含量的变化对 $L+Ca_5P_2SiO_{12}$ 析晶区的影响不明显；随着氧化钾含量的升高，$L+Ca_5P_2SiO_{12}$ 析晶区逐渐缩小，而液相区则逐渐扩大。

（3）高温相平衡试验结果与 FactSage 热力学计算软件计算吻合较好，基本验证了该体系液相线位置 FactSage 软件计算结果的准确性。

3 单酸溶液浸出钢渣中磷元素的研究

当前，湿法处理由于具有能耗低、操作简单，对元素分布要求不高等特点，已逐渐成为提取钢渣中磷元素的主要方法之一。部分学者针对磷在无机酸及有机酸中的浸出行为进行了研究，但缺乏系统性，相关浸出机理尚不明确，为此，本章将全面分析无机和有机单酸对钢渣中磷元素的浸出机理，以明确单酸溶液提取磷的最佳条件。

3.1 钢渣中含磷相溶解的热力学分析

钢液中的磷被氧化后形成 P_2O_5，之后再与钢渣中的 CaO 结合形成 $3CaO \cdot P_2O_5$ 或 $2CaO \cdot P_2O_5$，因此，磷首先要从含磷相中解离，才能实现高效浸出，含磷相在不同溶液中的溶解性存在差异，需要对其与溶液的反应热力学进行分析，可为实现后续磷的顺利浸出提供理论依据。

3.1.1 热力学计算原理

采用平均热容法计算钢渣中相关物质溶出反应热力学。假设有似式（3-1）的化学反应：

$$a\text{A} + n\text{H}_2\text{O} \Longrightarrow b\text{B} + m\text{H}^+ \tag{3-1}$$

其中 A、B 为离子态物质或纯物质，a、n 和 m 为反应系数。反应式（3-1）的标准吉布斯自由能如式（3-2）：

$$\Delta G_T^0 = -RT\ln K \tag{3-2}$$

在式（3-2）中，ΔG_T^0 表示温度为 T 时反应的标准吉布斯自由能变；R 为气体常数，取 $8.314/(\text{mol} \cdot \text{K})$；$K$ 为化学反应平衡常数，可由式（3-3）表示：

$$K = \frac{a_{\text{H}^+}{}^m \cdot a_{\text{B}}{}^b}{a_{\text{H}_2\text{O}}{}^n \cdot a_{\text{A}}{}^a} \tag{3-3}$$

对式（3-3）取对数，并取 $\text{pH} = -\lg a_{\text{H}^+}$，$a_{\text{H}_2\text{O}} = 1$，因浸出液与钢渣作用较为复杂，为简化计算取各物质活度系数等于1，由此可得：

$$\lg K + m\text{pH} = b\lg\ [B]\ -a\lg\ [A] \tag{3-4}$$

式（3-4）中 [A]、[B] 表示相应物质的平衡标准浓度，在数值上与相应物质的平衡浓度 C_A 一致。

对式（3-2）进行处理，并定义 n 值：

$$n = \lg K = -\frac{\Delta G_T^0}{2.303RT} \tag{3-5}$$

由式（3-4）并结合式（3-5），即可得出物质 A 和 B 的平衡浓度与 pH 之间的关系。式（3-6）中的 ΔG_T^0 可结合式（3-7）进行求解。

$$\Delta G_T^0 = \Delta G_{298}^0 - (T-298)\Delta S_{298}^0 + \Delta C_P^0 \Big|_{298}^{T}\Big[(T-298) - T\ln\frac{T}{298}\Big] \tag{3-6}$$

$$\Delta G_{298}^0 = mG_{298,H^+}^0 + bG_{298,B}^0 - nG_{298,H_2O}^0 - aG_{298,A}^0 \tag{3-7}$$

$$\Delta S_{298}^0 = mS_{298,H^+}^0 + bS_{298,B}^0 - nS_{298,H_2O}^0 - aS_{298,A}^0 \tag{3-8}$$

$$\Delta C_P^0\Big|_{298}^{T} = mC_P^0\Big|_{298,H^+}^{T} + bC_P^0\Big|_{298,B}^{T} - nC_P^0\Big|_{298,H_2O}^{T} - aC_P^0\Big|_{298,A}^{T} \tag{3-9}$$

式（3-7）～式（3-9）中 ΔG_{298}^0、ΔS_{298}^0 分别表示反应在 298K 下的吉布斯自由能变和熵变，$\Delta C_P^0\big|_{298}^{T}$ 表示 298～TK 范围内的反应平均热容。

反应物质的 G_{298}^0、S_{298}^0（对于离子取绝对熵 $\overline{S}_{298}^0$）可通过查热力学数据表获得；纯物质可通过查表得其平均热容；离子态物质可结合查表及式（3-10）得到其平均热容。

$$C_P^0\Big|_{298}^{T} = \alpha_T + \beta_T\overline{\overline{S}}_{298}^0 \tag{3-10}$$

式（3-10）中，α_T、β_T 为离子平均热容系数，$\overline{S}_{298}^0$ 为离子 298K 下的绝对熵，可查表得到。

通过式（3-7）～式（3-10）可求得反应各温度下的标准吉布斯自由能变；借助式（3-4）～式（3-5）即可得到相应物质的浓度与 pH 的热力学平衡情况。

3.1.2　含磷相溶解的热力学计算过程

结合式（3-5）和式（3-9），可得常温下 3CaO·P_2O_5 和 2CaO·P_2O_5 与酸反应的标准反应吉布斯自由能变和 n 值（表 3-1）。

表 3-1　298K 下反应标准吉布斯自由能变与 n 值

序号	反应方程式	ΔG_{298}^0（J/mol）	n 值
1	3CaO·P_2O_5+6H^+══3Ca^{2+}+2H_3PO_4	1	11.175
2	3CaO·P_2O_5+4H^+══3Ca^{2+}+2$H_2PO_4^-$	2	6.922

序号	反应方程式	ΔG_{298}^0 （J/mol）	n 值
3	$3CaO \cdot P_2O_5 + 2H^+ \Longrightarrow 3Ca^{2+} + 2HPO_4{}^{2-}$	3	−7.45
4	$3CaO \cdot P_2O_5 \Longrightarrow 3Ca^{2+} + 2PO_4{}^{3-}$	4	−31.502
5	$2CaO \cdot P_2O_5 + H_2O + 4H^+ \Longrightarrow 2Ca^{2+} + 2H_3PO_4$	5	6.458
6	$2CaO \cdot P_2O_5 + H_2O + 2H^+ \Longrightarrow 2Ca^{2+} + 2H_2PO_4{}^-$	6	2.205
7	$2CaO \cdot P_2O_5 + H_2O \Longrightarrow 2Ca^{2+} + 2HPO_4{}^{2-}$	7	−12.167
8	$2CaO \cdot P_2O_5 + 2OH^- \Longrightarrow 2Ca^{2+} + 2PO_4{}^{3-} + H_2O$	8	−8.215

溶解反应中 OH^- 的浓度是利用水的离子积常数导出，298K 时 lg [OH$^-$]＝pH−14.002，结合式（3-4）和式（3-5）可得 lg [P] -pH 的关系（表 3-2）。

表 3-2　体系反应的 lg [P] -pH 关系

序号	反应表达式	lg [P] -pH
1	$3CaO \cdot P_2O_5 + 6H^+ \Longrightarrow 3Ca^{2+} + 2H_3PO_4$	lg [P] ＝5.588−3pH
2	$3CaO \cdot P_2O_5 + 4H^+ \Longrightarrow 3Ca^{2+} + 2H_2PO_4{}^-$	lg [P] ＝3.461−2pH
3	$3CaO \cdot P_2O_5 + 2H^+ \Longrightarrow 3Ca^{2+} + 2HPO_4{}^{2-}$	lg [P] ＝−3.725−pH
4	$3CaO \cdot P_2O_5 \Longrightarrow 3Ca^{2+} + 2PO_4{}^{3-}$	lg [P] ＝−15.751
5	$2CaO \cdot P_2O_5 + H_2O + 4H^+ \Longrightarrow 2Ca^{2+} + 2H_3PO_4$	lg [P] ＝3.229−2pH
6	$2CaO \cdot P_2O_5 + H_2O + 2H^+ \Longrightarrow 2Ca^{2+} + 2H_2PO_4{}^-$	lg [P] ＝1.102−pH
7	$2CaO \cdot P_2O_5 + H_2O \Longrightarrow 2Ca^{2+} + 2HPO_4{}^{2-}$	lg [P] ＝−6.084
8	$2CaO \cdot P_2O_5 + 2OH^- \Longrightarrow 2Ca^{2+} + 2PO_4{}^{3-} + H_2O$	lg [P] ＝−18.110+pH

为了分析含磷相在不同温度下的溶解行为，又分别对 323K、348K 和 373K 时的溶解反应热力学进行了计算。结合热力学原理，将所需要的热力学数据查表并经相关换算，处理后列于表 3-3～表 3-6 中。

表 3-3　相关物质的 G_{298} 与 S_{298}

物质	ΔG_{298} （J/mol）	S_{298} [J/ （mol·K）]
H_2O	−237190.96	69.94
$3CaO \cdot P_2O_5$	−3889864.8	240.998
H_3PO_4	−1147252.8	176.146
H^+	0	−20.92
OH^-	−157297.48	10.376
Ca^{2+}	−553041.12	−97.069

续表

物质	ΔG_{298} (J/mol)	S_{298} [J/ (mol·K)]
$H_2PO_4^-$	-1135119.2	110.039
HPO_4^{2-}	-1094116	5.858
PO_4^{3-}	-1025498.4	-154.808

表 3-4　中性组分的热容系数与相关温度下的平均热容

中性组分	热容系数				$C_P^0\mid_{298}^T$ [J/ (mol·K)]		
	a	$b\times10^3$	$c'\times10^3$	c	$T=323K$	$T=348K$	$T=373K$
H_2O	75.44	0	0	0	75.44	75.44	75.44
$3CaO·P_2O_5$	201.836	166.021	-20.92	0	230.341	232.734	234.964
$2CaO·P_2O_5$	221.878	61.756	-46.693	0	190.941	193.806	196.368
H_3PO_4	200.832	0	0	0	200.832	200.832	200.832

表 3-5　离子平均热容系数

离子类型	$T=323K$		$T=348K$		$T=373K$	
	α_T	β_T	α_T	β_T	α_T	β_T
简单阳离子	159.88	-0.61	173.30	-0.59	192	-0.55
简单阴离子和 OH^-	-199.60	-0.25	-223.64	-0.15	-244.14	0
XO_n^{m-} 型阴离子	-520.24	1.77	-528.08	1.85	-577.73	2.12
$XO_n(OH)^{m-}$ 型阴离子	-515.76	3.54	-538.16	3.65	-564.72	3.98

表 3-6　各离子的平均热容计算值

组分	$\bar{C}_P^0\mid_{298}^T$ [J/ (mol·K)]		
	$T=323K$	$T=348K$	$T=373K$
H^+	87.854	108.772	129.7
OH^-	-202.185	-225.156	-244.14
Ca^{2+}	219.046	230.622	245.388
$H_2PO_4^-$	-125.914	-137.049	-126.76
HPO_4^{2-}	-495.004	-516.810	-541.405
PO_4^{3-}	-793.888	-814.923	-905.923

　　将上述数据结合式（3-5）及式（3-7）～式（3-10），即可求得 T 温度下反应的标准吉布斯自由能变与 n 值，列于表 3-7～表 3-8 中。结合式（3-4）可

得到相关反应的平衡方程（lgC-pH 图），列于表 3-9 中。

表 3-7　相关反应的 ΔG_{298}、ΔS_{298}、ΔC_P　　　　　（J/mol）

序号	反应式	ΔG_{298}	ΔS_{298}	ΔC_P		
				$T=323K$	$T=348K$	$T=373K$
1	$3CaO \cdot P_2O_5 + 6H^+ = 3Ca^{2+} + 2H_3PO_4$	−63764.16	−54.392	301.336	208.166	124.663
2	$3CaO \cdot P_2O_5 + 4H^+ = 3Ca^{2+} + 2H_2PO_4^-$	−39496.96	−228.45	−176.449	−250.053	−271.129
3	$3CaO \cdot P_2O_5 + 2H^+ = 3Ca^{2+} + 2HPO_4^{2-}$	42509.44	−478.65	−738.920	−792.031	−841.014
4	$3CaO \cdot P_2O_5 = 3Ca^{2+} + 2PO_4^{3-}$	179744.64	−841.82	−1160.979	−1170.714	−1310.647
5	$2CaO \cdot P_2O_5 + H_2O + 4H^+ = 2Ca^{2+} + 2H_3PO_4$	−36847.88	−17.438	221.959	158.575	101.832
6	$2CaO \cdot P_2O_5 + H_2O + 2H^+ = 2Ca^{2+} + 2H_2PO_4^-$	−12580.68	−191.49	−255.826	−299.644	−293.960
7	$2CaO \cdot P_2O_5 + H_2O = 2Ca^{2+} + 2HPO_4^{2-}$	69425.72	−441.7	−818.297	−841.621	−863.846
8	$2CaO \cdot P_2O_5 + 2OH^- = 2Ca^{2+} + 2PO_4^{3-} + H_2O$	46873.96	−643.9	−810.82	−836.66	−953.72

表 3-8　相关反应的 ΔG_T 与 n 值　　　　　（J/mol）

序号	反应式	ΔG_T（n 值）		
		$T=323K$	$T=348K$	$T=373K$
1	$3CaO \cdot P_2O_5 + 6H^+ = 3Ca^{2+} + 2H_3PO_4$	−63764.874 (10.140)	−61872.629 (9.286)	−60773.429 (8.509)
2	$3CaO \cdot P_2O_5 + 4H^+ = 3Ca^{2+} + 2H_2PO_4^-$	−33605.733 (5.434)	−27079.947 (4.064)	−19995.745 (2.780)
3	$3CaO \cdot P_2O_5 + 2H^+ = 3Ca^{2+} + 2HPO_4^{2-}$	55229.751 (−8.930)	69592.563 (−10.44)	85752.637 (−12.007)
4	$3CaO \cdot P_2O_5 = 3Ca^{2+} + 2PO_4^{3-}$	201974.944 (−32.658)	226492.69 (−33.99)	254326.92 (−35.611)

续表

序号	反应式	ΔG_T（n 值）		
		$T=323K$	$T=348K$	$T=373K$
5	$2CaO \cdot P_2O_5 + H_2O + 4H^+ = 2Ca^{2+} + 2H_3PO_4$	-36638.451 (5.924)	-36606.803 (5.494)	-36429.345 (5.101)
6	$2CaO \cdot P_2O_5 + H_2O + 2H^+ = 2Ca^{2+} + 2H_2PO_4^-$	-7532.310 (1.218)	-1814.127 (0.272)	4348.339 (-0.609)
7	$2CaO \cdot P_2O_5 + H_2O = 2Ca^{2+} + 2HPO_4^{2-}$	81303.174 (-13.146)	94858.389 (-14.23)	110096.721 (-15.416)
8	$2CaO \cdot P_2O_5 + 2OH^- = 2Ca^{2+} + 2PO_4^{3-} + H_2O$	63849.913 (-10.324)	82397.13 (-12.36)	103495.132 (-14.491)

表 3-9 相关反应的 lgC-pH 关系

序号	反应式	lgC-pH		
		$T=323K$	$T=348K$	$T=373K$
1	$3CaO \cdot P_2O_5 + 6H^+ = 3Ca^{2+} + 2H_3PO_4$	$\lg[P] = 5.07 - 3pH$	$\lg[P] = 4.643 - 3pH$	$\lg[P] = 4.255 - 3pH$
2	$3CaO \cdot P_2O_5 + 4H^+ = 3Ca^{2+} + 2H_2PO_4^-$	$\lg[P] = 2.717 - 2pH$	$\lg[P] = 2.032 - 2pH$	$\lg[P] = 1.4 - 2pH$
3	$3CaO \cdot P_2O_5 + 2H^+ = 3Ca^{2+} + 2HPO_4^{2-}$	$\lg[P] = -4.465 - pH$	$\lg[P] = -5.222 - pH$	$\lg[P] = -6.004 - pH$
4	$3CaO \cdot P_2O_5 = 3Ca^{2+} + 2PO_4^{3-}$	$\lg[P] = -16.329$	$\lg[P] = -16.996$	$\lg[P] = -17.806$
5	$2CaO \cdot P_2O_5 + H_2O + 4H^+ = 2Ca^{2+} + 2H_3PO_4$	$\lg[P] = 2.962 - 2pH$	$\lg[P] = 2.747 - 2pH$	$\lg[P] = 2.55 - 2pH$
6	$2CaO \cdot P_2O_5 + H_2O + 2H^+ = 2Ca^{2+} + 2H_2PO_4^-$	$\lg[P] = 0.609 - pH$	$\lg[P] = 0.136 - pH$	$\lg[P] = -0.304 - pH$
7	$2CaO \cdot P_2O_5 + H_2O = 2Ca^{2+} + 2HPO_4^{2-}$	$\lg[P] = -6.573$	$\lg[P] = -7.118$	$\lg[P] = -7.708$
8	$2CaO \cdot P_2O_5 + 2OH^- = 2Ca^{2+} + 2PO_4^{3-} + H_2O$	$\lg[P] = -18.437 + pH$	$\lg[P] = -18.89 + pH$	$\lg[P] = -19.51 + pH$

3.1.3 含磷相溶解的 lgC$_P$-pH 图

不同温度下含磷相溶解过程的 lgC$_P$-pH 图如图 3-1 所示。由图可知，平衡

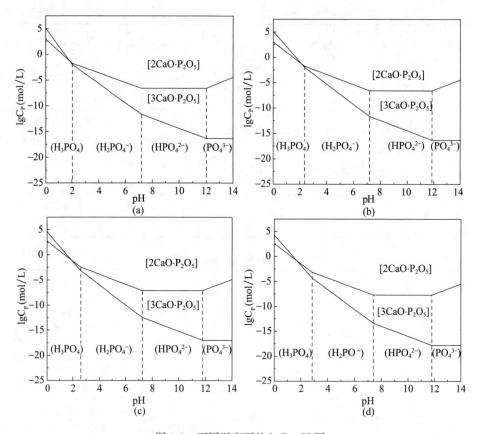

图 3-1　不同温度下的 $\lg C_P$-pH 图

(a) 298K；(b) 323K；(c) 348K；(d) 373K

状态时磷的浓度均随着溶液 pH 值的减小而逐渐升高。随着 pH 值的增大，磷在溶液中的存在形式依次以 H_3PO_4、$H_2PO_4^-$、HPO_4^{2-}、PO_4^{3-} 的形式存在。此外，随着温度的升高，溶解反应达到平衡时所需的磷浓度呈降低趋势，但总体上变化不大，说明温度对含磷相的解离影响不显著。以上热力学分析结果可为钢渣中磷的浸出分离奠定理论依据。

3.2　钢渣中磷在无机单酸中的浸出行为研究

3.2.1　试验方法

选取某钢厂的钢渣作为原料，其化学成分见表 3-10，钢渣的碱度为 3.53，

P_2O_5含量为 2.72%。首先利用玛瑙研钵对渣样进行研磨处理，然后通过筛子筛选出平均粒径为 $38\mu m$、$52\mu m$、$65\mu m$、$84\mu m$、$130\mu m$ 的钢渣样品进行试验。

表 3-10　钢渣的化学成分　　　　　　　　　（％）

CaO	SiO₂	Fe₂O₃	P₂O₅	MgO	MnO	Al₂O₃
48.13	13.63	25.19	2.72	3.82	2.10	1.99

分别选取盐酸、硫酸、硝酸在不同条件下（表 3-11）对钢渣中的磷、铁元素进行浸出。首先，取 5g 合成渣样放入烧杯中，加入浓度不同的酸溶液，置于电动搅拌水浴锅装置中搅拌，待酸溶液和渣样反应一段时间后，用注射器抽取 5mL 溶液进行过滤（试验装置如图 3-2 所示），滤渣经过干燥箱烘干后回收，利用电感耦合等离子体发射光谱仪（ICP-OES）测定滤液中磷、铁的浓度，通过式（3-11）计算钢渣中元素的浸出率。

$$R=\frac{C \cdot V}{m}\times100\%\qquad(3-11)$$

式中　R——钢渣中元素浸出率，%；

　　　V——滤液体积，L；

　　　C——滤液中元素质量浓度，mg/L；

　　　m——钢渣中元素质量，mg。

表 3-11　浸出过程各参数的选择范围

浸出参数	数值
无机酸浓度（mol/L）	0.01、0.03、0.05、0.07、0.1、0.13
有机酸浓度（mol/L）	0.0052、0.0104、0.0156、0.0208、0.026
钢渣平均粒度（μm）	38、52、65*、84、130
反应温度（K）	298*、318、338、358
反应时间（min）	0.5、5、10、30、60*
搅拌速率（r/min）	800*
液固比	5∶1、40∶1、60∶1、80∶1*

注：表中带 * 的为主要试验条件。

3.2.2　结果与讨论

3.2.2.1　无机酸浓度对磷、铁浸出的影响

无机酸浓度对磷、铁元素浸出结果的影响如图 3-3 所示。随着无机酸浓度

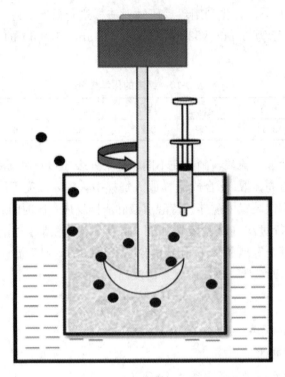

图 3-2　酸浸试验装置图

的提高，溶液中的 H^+ 增多，促使反应式（3-12）～式（3-14）向右进行，因此磷、铁浸出率随之升高。当硝酸浓度由 0.01mol/L 升高至 0.13mol/L 时，磷的浸出率由 0.33% 上升至 89.9%，铁浸出率由 0.03% 升高至 47.32%。当盐酸浓度为 0.13mol/L 时，磷的浸出率达 90.76%，铁的浸出率则为 53.43%。当硫酸浓度提高至 0.07mol/L 时，反应趋于平衡，此时磷的浸出率为 96.47%，铁浸出率为 98.16%。综上，在相同酸浓度条件下，三种无机酸中硫酸的脱磷效果最好，但铁浸出率也最高，不利于滤渣返回炼钢，而且浸出液中铁含量过高会使磷回收的难度加大。另外，酸浓度越大，浸出后滤液的 pH 值越小，后续处理较困难，综合考虑，确定酸浓度为 0.1mol/L 进行后续试验。

$$2CaO \cdot SiO_2\text{-}3CaO \cdot P_2O_5 + 8H^+ =\!=\!= 5Ca^{2+} + H_2SiO_3 + 2H_2PO_4^- + H_2O$$
$$(3\text{-}12)$$

$$2CaO \cdot SiO_2\text{-}3CaO \cdot P_2O_5 + 6H^+ =\!=\!= 5Ca^{2+} + H_2SiO_3 + 2HPO_4^{2-} + H_2O$$
$$(3\text{-}13)$$

$$Fe_2O_3 + 6H^+ =\!=\!= 2Fe^{3+} + 3H_2O \qquad (3\text{-}14)$$

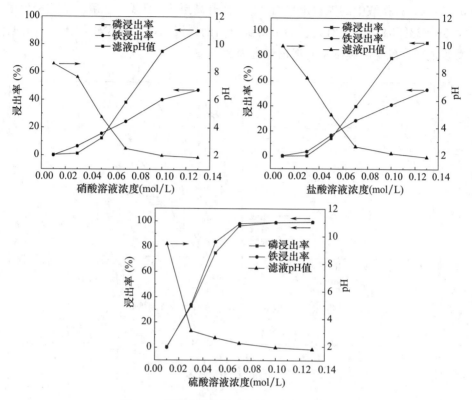

图 3-3　无机酸浓度对磷、铁浸出效果的影响

3.2.2.2　反应时间对磷、铁浸出的影响

钢渣中磷、铁元素随反应时间的浸出规律如图 3-4 所示。在反应初期，三种无机酸中磷和铁的浸出率均快速上升，磷元素在三种无机酸中的溶解平衡时间均在 10min 左右，之后磷浸出率增长幅度在 10％左右。铁元素在盐酸、硝酸溶液中的溶解平衡时间为 5min，在硫酸溶液中的溶解平衡时间为 10min。在反应为 10min 时，硝酸、盐酸、硫酸溶液中磷的浸出率分别达到了 69.53％、68.62％、87.92％，为提高脱磷率，降低铁浸出率，综合考虑，确定后续浸出的反应时间为 10min。

3.2.2.3　反应温度对磷、铁浸出的影响

反应温度对磷、铁元素浸出行为的影响如图 3-5 所示。由图可知，随着温度的升高，磷在三种无机酸溶液中的浸出率变化不大，而铁的浸出率则明显提高。当温度由 298K 升高至 358K 时，铁在硝酸中的浸出率由 31.92％升高至

57.64%，在盐酸中的铁浸出率由 33.61%升高至 59.71%，在硫酸中的浸出率由 86.62%升高至 99.21%。为了得到较高的磷浸出率，减少铁浸出率，并且减少能耗，确定后续试验的浸出温度为 298K。

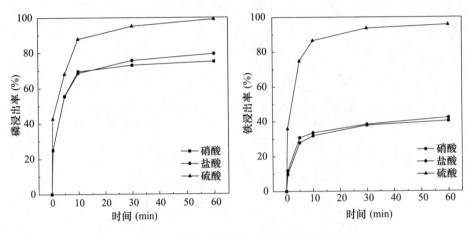

图 3-4　反应时间对磷、铁浸出率的影响

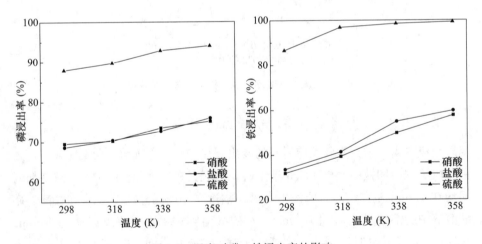

图 3-5　温度对磷、铁浸出率的影响

3.2.2.4　液固比对磷、铁浸出的影响

液固比对磷、铁浸出率的影响规律如图 3-6 所示。随液固比的增大，三种无机酸中磷浸出率和铁浸出率均迅速升高。液固比的增大对磷浸出率的影响较大，当液固比由 5∶1 增大至 80∶1 时，硝酸溶液中磷的浸出率由 35.69%升高至 69.53%，铁浸出率由 11.66%升高至 31.93%；盐酸溶液中

磷的浸出率由 37.61％升高至 68.62％，铁的浸出率由 13.89％升高至 33.61％；硫酸溶液中磷的浸出率由 49.76％升高至 87.92％，铁浸出率则由 66.91％升高至 86.62％。液固比的增大之所以会提高磷浸出率和铁浸出率，主要是因为提高了钢渣与浸出液的接触面积，有利于酸溶液中的 H^+ 与钢渣颗粒充分接触，促进反应的进行。当液固比为 80∶1 时，三种无机酸中铁的浸出率均高于 30％，考虑到滤渣返回冶炼需要较高的铁含量，因此，后续试验的液固比确定为 80∶1。

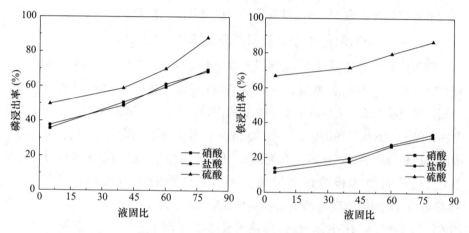

图 3-6　液固比对磷、铁浸出率的影响

3.2.2.5　钢渣平均粒径对磷、铁浸出的影响

钢渣平均粒径对磷、铁浸出率的影响如图 3-7 所示。随着钢渣平均粒径的

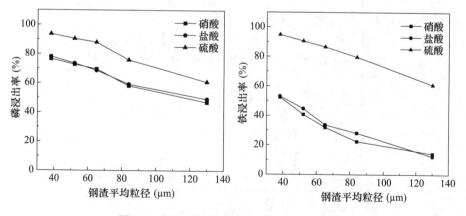

图 3-7　钢渣平均粒径对磷、铁浸出率的影响

减小，钢渣中磷浸出率和铁浸出率均提高；当钢渣平均粒径从 $130\mu m$ 减小到 $65\mu m$ 时，磷浸出率大约增长了 20 个百分点；钢渣平均粒径从 $65\mu m$ 减小到 $38\mu m$ 时，磷浸出率大约增长了 10 个百分点，但铁浸出率一直呈稳定的上升趋势；当钢渣平均粒径从 $130\mu m$ 减小到 $38\mu m$ 时，铁浸出率增加了大约 40 个百分点。以上结果说明钢渣平均粒径对铁浸出率的影响大于对磷浸出率的影响；另外，钢渣粒径越小，钢渣的比表面积越大，钢渣中所含有的元素越会暴露在表面被溶液浸出，但钢渣粒径越小，所需的能耗也越高。综合考虑，将试验中钢渣平均粒径确定为 $65\mu m$，以减少铁的损失及降低能耗。

3.2.2.6　钢渣浸出前后的微观形貌和物相表征

钢渣中的磷主要是以 $2CaO \cdot SiO_2\text{-}3CaO \cdot P_2O_5$（$C_2S\text{-}C_3P$）固溶体的形式存在，钢渣在 $0.1mol/L$ 硝酸溶液中浸出前后的 XRD 分析结果如图 3-8 所示。由图可知，酸浸前钢渣中主要含有 $C_2S\text{-}C_3P$ 固溶体、Fe_2O_3、$MgO\text{-}FeO$、$Ca_2Fe_2O_5$ 等物相；除了 $C_2S\text{-}C_3P$ 固溶体中含有磷元素外，其他物相中磷元素含量较少，与之前的分析相符；主要特征峰中含有的 $Ca_2Fe_2O_5$ 为基体相的主要组成成分；酸浸后 $C_2S\text{-}C_3P$ 固溶体相的衍射峰数量减少，说明钢渣中大部分磷被浸出；$MgO\text{-}FeO$ 相对应的衍射峰消失，表明酸浸后 $MgO\text{-}FeO$ 相的结构被破坏，Fe_2O_3 相的衍射峰数量略有减少，大部分铁元素仍存于钢渣中，这与前面的试验结果相符。

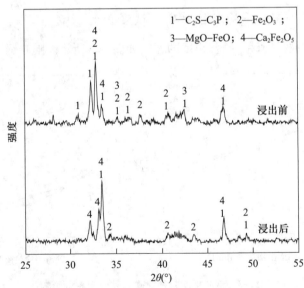

图 3-8　硝酸浸出前后钢渣的 XRD 分析图谱

0.1mol/L 硝酸浸出钢渣前后的 SEM 对比如图 3-9 所示，图中不同位置的成分分析见表 3-12。由图 3-9 和表 3-12 可知，浸出前的原始渣样呈不规则块状，表面致密，酸浸后渣样颗粒表面呈蜂窝状，有大量孔洞形成，是元素被大量浸出所导致；浸出前点 1 处深灰色相中含有大量的 CaO、SiO_2、P_2O_5 与少量的 Fe_2O_3，点 2 处的浅灰色相中富含 Fe_2O_3 与 MgO，含有少量的钙、硅元素，结合图 3-8 的 XRD 分析结果，认为点 1 处的物相主要为 C_2S-C_3P 固溶体，点 2 处主要为镁铁相（MgO-FeO）。

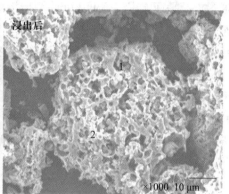

图 3-9 硝酸浸出前后钢渣的颗粒的形貌

表 3-12 图 3-9 中不同位置的能谱分析结果 （%）

样品	位置	CaO	SiO_2	Fe_2O_3	P_2O_5	MgO	MnO	Al_2O_3	主要物相
浸出前	点 1	56.55	23.33	5.30	11.18	1.60	1.34	0.85	含磷固溶体
	点 2	12.15	9.17	55.54	1.30	7.15	5.83	4.99	镁铁相
浸出后	点 1	13.55	5.06	61.87	2.71	14.53	0.90	—	镁铁相
	点 2	6.52	3.64	74.92	0.30	3.18	1.87	0.78	镁铁相

浸出后点 1、2 处的 P_2O_5 含量低于钢渣中 P_2O_5 含量，并且含有大量的 Fe_2O_3 与 MgO，这是由于此处的 C_2S-C_3P 固溶体被大量浸出，剩下少部分磷元素以及镁铁相，因此认为浸出后点 1 处主要为镁铁相。除此之外，浸出后点 1 和点 2 处的 Fe_2O_3 含量均有增加，即滤渣的铁品位有所升高，这有利于滤渣在钢铁厂的循环利用。

3.3 钢渣中磷在有机单酸中的浸出行为研究

本节选取了苹果酸、柠檬酸和琥珀酸为浸出剂，试验方法与 3.2.1 小节中相同。苹果酸、柠檬酸和琥珀酸均为羧酸，水溶性好，酸性强，活性基团数较少。根据三种有机酸的解离常数（苹果酸：$pKa1=3.46$、$pKa2=5.10$；柠檬酸：$pKa1=3.13$、$pKa2=4.76$、$pKa3=6.39$；琥珀酸：$pKa1=4.21$、$pKa2=5.64$），通过电荷平衡方程（CBE）可计算出溶液中的 $[H^+]$。三种有机酸溶液在不同浓度下的初始 $[H^+]$ 如图 3-10 所示，可以看到琥珀酸溶液中的 $[H^+]$ 始终低于苹果酸和柠檬酸，苹果酸溶液浓度超过 0.0104mol/L 后，溶液中的 $[H^+]$ 高于柠檬酸，这表明在高浓度有机酸溶液中，苹果酸的酸性大于柠檬酸。当有机酸与钢渣进行反应时，溶液中的 H^+ 与钢渣发生反应，浸出 Ca^{2+}、Fe^{3+}、PO_4^{3-} 等离子，浸出的金属阳离子会被有机基团吸附在钢渣表面形成三元配合物，具体的浸出机理如图 3-11 所示。

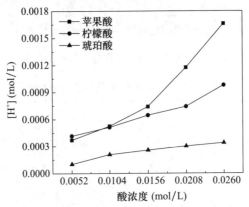

图 3-10　有机酸浓度与初始 $[H^+]$ 关系图

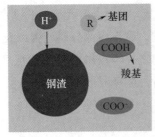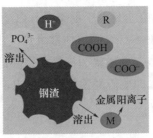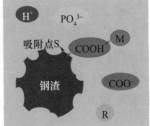

图 3-11　有机酸浸出钢渣的机理图

3.3.1   结果与讨论

3.3.1.1   有机酸浓度对磷、铁浸出的影响

有机酸浓度对磷、铁元素浸出效果的影响如图 3-12 所示。随着有机酸浓度的提高，溶液中［H^+］升高，促进了有机酸与钢渣界面反应，磷、铁浸出率均升高；磷在 0.026mol/L 苹果酸、柠檬酸、琥珀酸溶液中的浸出率分别为 97.66％、79.87％、21.51％；铁在 0.026mol/L 苹果酸、柠檬酸、琥珀酸溶液中的浸出率分别为 23.97％、21.96％、9.59％；相同浓度下，柠檬酸与苹果酸的浸出效果相差不大，当酸浓度为 0.026mol/L 时，两者浸出液的 pH 值均小于 5，为了降低浸出液的处理难度，后续有机酸浸出试验浓度确定为 0.0156mol/L，此时浸出液的 pH 值在 6 左右。

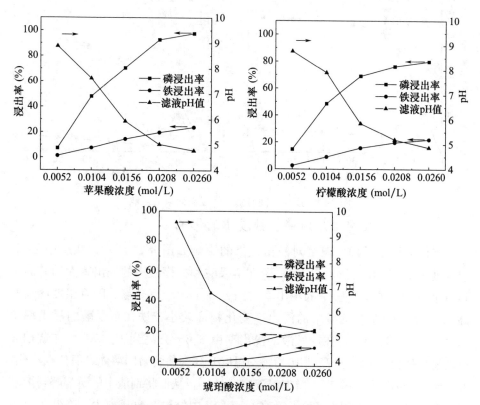

图 3-12   有机酸浓度对磷、铁浸出效果的影响

3.3.1.2 反应时间对磷、铁浸出的影响

钢渣中磷、铁元素浸出率随反应时间的变化趋势如图 3-13 所示。由图可知，反应开始后，有机酸溶液中的磷、铁浸出率均快速升高；当浸出时间为 20min 时，磷的浸出反应达到平衡，在之后的反应时间里磷浸出率略有升高，但变化不大，铁浸出率始终呈缓慢上升趋势；在反应过程中，磷浸出率始终高于铁浸出率，一方面是由于有机酸选择性优先浸出磷元素，另一方面浸出的铁元素通过羧基基团吸附在钢渣表面，从而降低了溶液中铁元素的浓度；当浸出时间为 20min 时，苹果酸、柠檬酸、琥珀酸的磷浸出率分别为 63.5%、62.48%、9.23%，铁浸出率分别为 8.7%、6.6%、0.82%，铁浸出率较低，因此后续有机酸浸出时间确定为 20min。

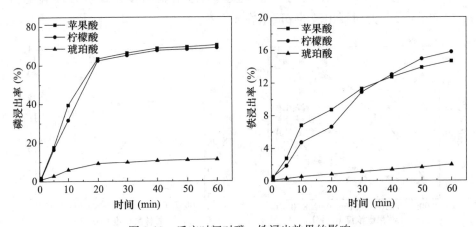

图 3-13　反应时间对磷、铁浸出效果的影响

3.3.1.3 反应温度对磷、铁浸出的影响

有机酸浸出过程中温度对浸出效果的影响如图 3-14 所示。从图中可知，当温度由 298K 升高到 318K 时，磷在苹果酸和柠檬酸中的浸出率大约升高了 11 个百分点，在琥珀酸中的浸出率大约升高了 6 个百分点。随着温度继续升高至 358K，磷在有机酸中的浸出率变化幅度较小，铁在苹果酸的浸出率由 8.7% 升高到 17.5%，在柠檬酸的浸出率由 6.6% 升高到 15.37%，在琥珀酸中的浸出率由 0.82% 升高到 10.9%。温度升高会使含磷固溶体表面位点活化，并且会促进有机酸的电离，增加溶液中 $[H^+]$，从而将钢渣中的磷溶解到溶液里。温度升高，溶液中 $[H^+]$ 升高，而溶液中的羧基数量减少，降低了对溶液中可溶性金属离子的吸附，导致铁浸出率升高。

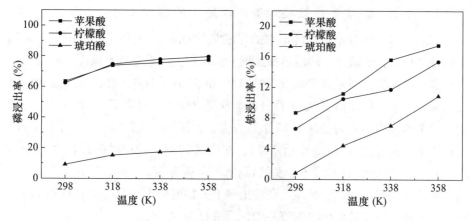

图 3-14　温度对磷、铁浸出效果的影响

3.3.1.4　液固比对磷、铁浸出的影响

液固比对磷、铁浸出率的影响规律如图 3-15 所示。由图可知，随着液固比的增大，有机酸中的磷、铁浸出率均升高。液固比的增大对磷浸出率的影响明显，当液固比由 5∶1 增大至 80∶1 时，磷浸出率在苹果酸和柠檬酸溶液中均提高了 28% 左右，但在琥珀酸溶液中仅提高了 7%，铁浸出率在苹果酸和柠檬酸溶液中均提高了 5% 左右，在琥珀酸溶液中大约提高了 7%。当液固比为 80∶1 时，苹果酸和柠檬酸溶液中磷的浸出率在 75% 左右，铁浸出率在 11% 左右，因此，将后续试验的液固比定为 80∶1。

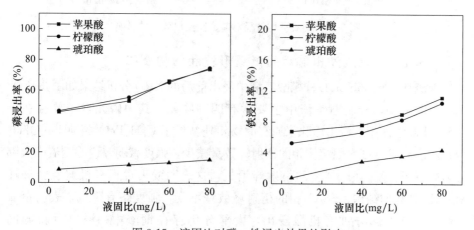

图 3-15　液固比对磷、铁浸出效果的影响

3.3.1.5 钢渣平均粒径对磷、铁浸出的影响

钢渣平均粒径对磷、铁浸出率的影响规律如图 3-16 所示。由图可知，随着钢渣平均粒径的减小，磷浸出率逐渐升高，但上升趋势逐渐减缓，铁浸出率呈稳定上升趋势；当钢渣平均粒径由 $130\mu m$ 减小至 $38\mu m$ 时，苹果酸和柠檬酸的磷浸出率大约提高了 30 个百分点，铁浸出率大约提高了 13 个百分点，琥珀酸中磷的浸出率大约提高了 16 个百分点，铁浸出率大约提高了 7 个百分点；当钢渣平均粒径为 $65\mu m$ 时，苹果酸、柠檬酸和琥珀酸中磷的浸出率分别为 73.96%、74.69%、15.29%，铁的浸出率分别为 11.2%、10.51%、4.4%，随着钢渣平均粒径的继续减小，磷浸出率上升幅度较小，但铁浸出率上升幅度较大，因此，后续试验中的钢渣平均粒径选择为 $65\mu m$。

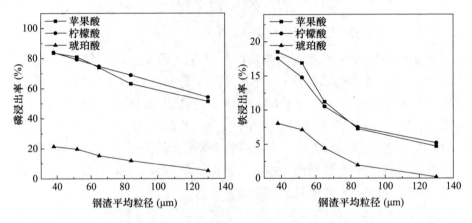

图 3-16　钢渣平均粒径对磷、铁浸出效果的影响

3.3.1.6 钢渣浸出前后的微观形貌和物相表征

钢渣在 0.0156mol/L 柠檬酸溶液中浸出前后的 XRD 分析结果如图 3-17 所示。由图可知，浸出前钢渣中主要含有四种物相，其中磷元素主要存在于 C_2S-C_3P 固溶体中，浸出后除了原有的物相外新增了 $C_2H_2FeO_4$ 相与 $Fe(OH)_3$ 相；浸出后 C_2S-C_3P 固溶体相的衍射峰数量减少，强度减弱，说明钢渣中大部分磷被浸出；MgO-FeO 相的衍射峰消失，这表明浸出过程有机酸也会破坏 MgO-FeO 相的结构；Fe_2O_3 相的衍射峰数量不变，强度略有降低，表明钢渣中的铁只有少部分被有机酸浸出，大部分仍存在钢渣中；浸出后新增的 $C_2H_2FeO_4$ 相，是铁元素通过羧基吸附在钢渣表面形成的，以上结果与前面有机酸浸出试验数据基本相符。

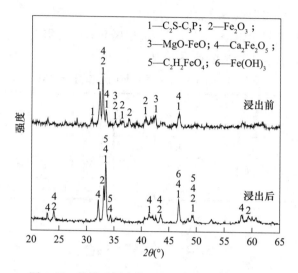

图 3-17   柠檬酸浸出前后钢渣的 XRD 分析图谱

钢渣在 0.0156mol/L 柠檬酸浸出前后的 SEM 对比结果如图 3-18 所示。不同位置的成分分析结果见表 3-13。由图 3-18 和表 3-13 可知，浸出前的原始渣样表面致密，浸出后渣样颗粒表面形成大量孔洞；浸出前点 1 处含有大量 CaO、SiO_2、P_2O_5，其中 P_2O_5 的含量为 18.32%，点 2 处含有大量以 Fe_2O_3 为主的金属氧化物，结合图 3-17 的 XRD 图谱，认为点 1 处的物质主要为 C_2S-C_3P 固溶体，点 2 处主要为镁铁相；浸出后点 1 处 P_2O_5 的含量为 2.65%，并且含有大量的 Fe_2O_3、Al_2O_3 与 MgO，这是因为点 1 处的 C_2S-C_3P 固溶体被柠檬酸选择性浸出，剩下少量的含磷固溶体与镁铁相，因此认为浸出后点 1 处

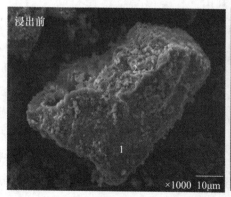

图 3-18   柠檬酸浸出前后钢渣的颗粒的形貌

主要为镁铁相。浸出后点 2 处含有大量的 Fe_2O_3，高于浸出前点 2 处的 Fe_2O_3 含量，因此有机酸浸出钢渣可以选择性浸出磷元素，富集铁元素，从而提高了钢渣的铁品位，有利于钢渣的循环利用。

表 3-13 图 3-18 中不同位置的能谱分析结果　　　　　（％）

样品	位置	CaO	SiO$_2$	Fe$_2$O$_3$	P$_2$O$_5$	MgO	MnO	Al$_2$O$_3$	主要物相
浸出前	点 1	49.34	20.34	5.18	18.32	1.50	1.06	1.02	含磷固溶体
	点 2	21.17	10.84	44.66	2.24	6.23	5.74	6.99	镁铁相
浸出后	点 1	22.47	12.41	50.01	2.65	3.36	3.14	5.93	镁铁相
	点 2	9.19	7.13	68.10	0.45	4.55	3.84	6.38	镁铁相

3.4　本章小结

本章主要对钢渣中含磷相溶解的热力学进行了分析，研究了磷、铁元素在无机和有机单酸中的浸出规律，分析了酸浓度、浸出时间、浸出温度、液固比以及钢渣平均粒径对磷、铁浸出率的影响，得出以下结论：

（1）随着溶液 pH 值的减小，含磷相溶解达到平衡状态时磷的浓度逐渐升高；在不同 pH 值下，磷在溶液中的存在形式分别为 H_3PO_4、$H_2PO_4^-$、HPO_4^{2-}、PO_4^{3-}；温度变化对含磷相的解离影响不大。

（2）在无机酸溶液中，酸浓度、液固比以及钢渣平均粒径对磷、铁浸出率的影响较大，温度对磷浸出率的影响较小，但对铁浸出率的影响较大；当酸浓度相同时，磷、铁在硫酸溶液中的浸出率要高于其在盐酸和硝酸中的浸出率，但铁浸出率过高不利于后续钢渣的返回利用。

（3）当以有机酸作浸出剂时，与无机酸浸出剂类似，酸浓度、液固比以及钢渣平均粒径对磷、铁的浸出率影响较大；但当温度在 298～318K 范围内时，升高温度，磷、铁浸出率的变化较大；磷在有机酸溶液中达到反应平衡的时间为 20min，但铁浸出率随着时间的延长一直呈缓慢上升趋势；当有机酸溶液浓度相同时，苹果酸与柠檬酸对磷的浸出效果相差不大，但琥珀酸酸性较弱，浸出效果不佳。

（4）与原始钢渣颗粒相比，酸浸后钢渣颗粒表面发现大量孔洞，经过分析成分及物相分析，认为是 C_2S-C_3P 固溶体的大量溶解所致；钢渣中绝大部分 Fe_2O_3 仍在钢渣中，铁品位的升高有利于钢渣返回冶金过程再利用。

4 混合酸溶液浸出钢渣中磷元素的研究

之前的研究表明，磷在无机酸溶液中的浸出率高，但铁浸出率也较高，使浸出后的滤液中含有大量的铁元素，不仅导致磷等元素的分离提取困难，而且也不利于钢渣返回冶金过程再利用。另外，无机酸浸出剂的酸性较强，浸出反应后滤液的 pH 值较小，易对环境造成二次污染。当以有机酸作浸出剂时，可对磷进行选择性浸出，铁浸出率也会大幅降低，但有机酸的价格昂贵，导致浸出成本较高，限制了其在钢渣浸出过程的使用。本章在无机和有机单酸浸出钢渣的试验基础上，拟充分利用无机酸和有机酸混合溶液的优势，研究钢渣在有机和无机混合酸中的浸出行为，以期实现钢渣中有价元素的低成本、高效率浸出。

4.1 钢渣中磷在混合酸中的浸出行为研究

4.1.1 试验方法

试验所用原料、步骤及检测方法与 3.2.1 小节中相同。为了探究不同种类有机和无机酸混合后对钢渣磷、铁浸出率的影响，本试验控制温度、时间等条件不变，主要分析酸浓度对钢渣浸出行为的影响。由于柠檬酸为三元有机酸，在浓度较低时，浸出效果优于苹果酸，因此，本章试验所用有机酸为柠檬酸。

由第 3 章试验结果可知，无机酸浸出钢渣的最佳试验条件是：反应时间 10min、反应温度 298K、液固比 80∶1、钢渣平均粒径 65μm；有机酸浸出的最佳试验条件是：反应时间 20min、反应温度 318K、液固比 80∶1、钢渣平均粒径 65μm。在混合酸浸出试验中，考虑到温度对无机酸中磷浸出率的影响不大，但对铁浸出率影响较大，故将混合酸浸出试验的温度定为 298K。为了使浸出试验充分进行，将反应时间定为 60min，液固比设置为 80∶1、钢渣平均粒径为 65μm。混合酸种类及浓度的设计方案见表 4-1。

表 4-1 混合酸浸出钢渣试验方案

编号	混合酸组合	固定变量	浓度（mol/L）	变量	浓度（mol/L）
1		盐酸	0.05	柠檬酸	0
2		盐酸	0.05	柠檬酸	0.00104
3		盐酸	0.05	柠檬酸	0.00156
4		盐酸	0.05	柠檬酸	0.0026
5		盐酸	0.05	柠檬酸	0.0052
6	盐酸＋柠檬酸	盐酸	0.05	柠檬酸	0.0104
7		柠檬酸	0.00156	盐酸	0
8		柠檬酸	0.00156	盐酸	0.02
9		柠檬酸	0.00156	盐酸	0.03
10		柠檬酸	0.00156	盐酸	0.04
11		柠檬酸	0.00156	盐酸	0.05
12		柠檬酸	0.00156	盐酸	0.06
13		硝酸	0.05	柠檬酸	0
14		硝酸	0.05	柠檬酸	0.00104
15		硝酸	0.05	柠檬酸	0.00156
16		硝酸	0.05	柠檬酸	0.0026
17		硝酸	0.05	柠檬酸	0.0052
18	硝酸＋柠檬酸	硝酸	0.05	柠檬酸	0.0104
19		柠檬酸	0.0026	硝酸	0
20		柠檬酸	0.0026	硝酸	0.02
21		柠檬酸	0.0026	硝酸	0.03
22		柠檬酸	0.0026	硝酸	0.04
23		柠檬酸	0.0026	硝酸	0.05
24		柠檬酸	0.0026	硝酸	0.06
25		硫酸	0.02	柠檬酸	0
26		硫酸	0.02	柠檬酸	0.00104
27		硫酸	0.02	柠檬酸	0.00156
28	硫酸＋柠檬酸	硫酸	0.02	柠檬酸	0.0026
29		硫酸	0.02	柠檬酸	0.0052
30		硫酸	0.02	柠檬酸	0.0104
31		柠檬酸	0.0026	硫酸	0
32		柠檬酸	0.0026	硫酸	0.01

编号	混合酸组合	固定变量	浓度（mol/L）	变量	浓度（mol/L）
33		柠檬酸	0.0026	硫酸	0.015
34	硫酸＋柠檬酸	柠檬酸	0.0026	硫酸	0.02
35		柠檬酸	0.0026	硫酸	0.025
36		柠檬酸	0.0026	硫酸	0.3

4.1.2　结果与讨论

4.1.2.1　盐酸与柠檬酸混合对磷、铁浸出的影响

固定盐酸浓度为 0.05mol/L，改变柠檬酸浓度对磷、铁浸出率的影响规律如图 4-1（a）所示。由图可知，当盐酸浓度固定为 0.05mol/L，不加入柠檬酸时，铁浸出率高于磷浸出率，分别为 16.79% 和 14.29%；当加入 0.00104mol/L 的柠檬酸后，磷浸出率大幅升高，达到 61.95%，铁浸出率也有所升高，为 25.19%；之后随着柠檬酸浓度的提高，磷、铁浸出率均呈上升趋势，直至柠檬酸浓度提高到 0.0052mol/L 后，磷、铁浸出率变化不再明显；另外，当混合酸溶液中柠檬酸的浓度为 0.0052mol/L，此时磷浸出率为 85.93%，而由第 3 章单酸浸出结果可知，0.0052mol/L 柠檬酸溶液中磷的浸出率仅为 14.71%，若要达到 0.05mol/L 盐酸＋0.0052mol/L 柠檬酸浸出液中磷的浸出率，则需盐酸单酸浓度在 0.13mol/L 左右，柠檬酸单酸浓度在 0.026mol/L 左右。

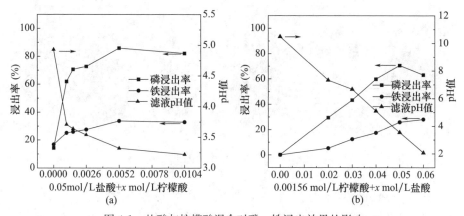

图 4-1　盐酸与柠檬酸混合对磷、铁浸出效果的影响

（a）盐酸浓度固定为 0.05mol/L；（b）柠檬酸浓度固定为 0.00156mol/L

固定柠檬酸浓度为 0.00156mol/L，改变盐酸浓度对磷、铁浸出率的影响规律如图 4-1（b）所示。由图可知，当柠檬酸浓度为 0.00156mol/L，不添加盐酸时，磷、铁浸出率仅为 0.21％和 0.04％；加入盐酸溶液后，磷、铁浸出率均快速升高，当盐酸浓度为 0.05mol/L 时，磷、铁浸出率达到最大值，分别为 70.64％、25.95％，之后随着盐酸浓度的继续提高，磷浸出率略有下降，铁浸出率继续升高。

由图 4-1（a）可知，当盐酸浓度固定为 0.05mol/L，不加入柠檬酸时，浸出后滤液的 pH 值为 4.93，随着柠檬酸的加入，滤液的 pH 值持续下降，当柠檬酸浓度提高到 0.0104mol/L 时，滤液的 pH 值下降至 3.22。在图 4-1（b）中，随着盐酸浓度的提高，滤液的 pH 值也呈下降趋势，当混合酸组合为 0.00156mol/L 柠檬酸＋0.06mol/L 盐酸时，滤液的 pH 值为 2.07。从该组试验数据可以得出，盐酸与柠檬酸混合浸出的最佳组合为 0.05mol/L 盐酸＋0.00156mol/L 柠檬酸，此时的磷、铁浸出率分别为 70.64％、25.95％，滤液的 pH 值为 3.64。

综上，盐酸与柠檬酸混合浸出效果优于盐酸和柠檬酸单酸浸出时的效果，混合酸作浸出剂既保证了较高的磷浸出率，又降低了铁损。混合酸浸出钢渣的效果优于单酸的主要原因是：在混合酸溶液中，柠檬酸选择性破坏了 C_2S-C_3P 固溶体的结构，为盐酸浸出磷元素创造了一个良好的条件；有机阴离子可与浸出的 Ca^{2+} 络合，阻止磷酸钙沉淀的形成，而被浸出的 Fe^{3+} 可以通过羧基的络合吸附作用回到沉淀中，降低了溶液中 Fe^{3+} 的浓度。混合酸浸出钢渣机理如图 4-2 所示。

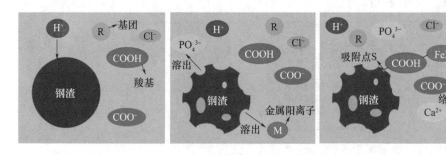

图 4-2　混合酸浸出钢渣的机理图

4.1.2.2　硝酸与柠檬酸混合对磷、铁浸出的影响

硝酸浓度固定为 0.05mol/L，改变柠檬酸浓度对磷、铁浸出率的影响规律如图 4-3（a）所示。由图可知，当溶液中柠檬酸浓度为 0 时，钢渣中磷、铁浸

出率分别为 12.36%、15.69%；随着柠檬酸的加入，磷浸出率快速升高，铁浸出率缓慢升高；当混合酸溶液中柠檬酸浓度达到 0.0052mol/L 时，磷浸出率达到最大值，为 88.58%，而当单独使用其中一种酸作为浸出剂时，0.0052mol/L 柠檬酸溶液中磷的浸出率仅为 14.71%，0.05mol/L 硝酸溶液中磷的浸出率为 12.36%，要达到 0.05mol/L 硝酸＋0.0052mol/L 柠檬酸混合浸出时的磷浸出率，硝酸单酸浓度需要在 0.13mol/L 左右，柠檬酸单酸浓度需要在 0.026mol/L 左右。柠檬酸浓度固定为 0.0026mol/L，改变硝酸浓度对磷、铁浸出率的影响结果如图 4-3（b）所示。当溶液中柠檬酸浓度为 0.0026mol/L，不添加硝酸时，钢渣的磷、铁浸出率仅有 0.23%、0.17%；添加硝酸后磷、铁浸出率均快速上升，当硝酸浓度提高至 0.04mol/L 时，铁浸出率达到最大值，为 23.88%，当硝酸浓度提高至 0.05mol/L 时，磷浸出率达到最大值，为 78.18%。

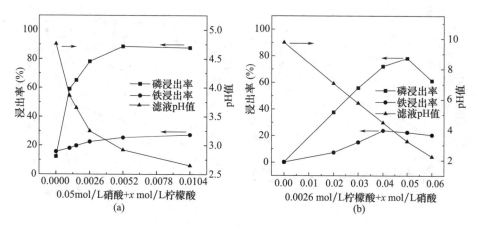

图 4-3　硝酸与柠檬酸混合对磷、铁浸出效果的影响
（a）硝酸浓度固定为 0.05mol/L；（b）柠檬酸浓度固定为 0.0026mol/L

由硝酸与柠檬酸的混合浸出数据可知，硝酸与柠檬酸混合浸出钢渣的最佳组合为 0.05mol/L 硝酸＋0.0026mol/L 柠檬酸，此时的磷、铁浸出率分别为 78.18%、22.48%，滤液的 pH 值为 3.25。结合 4.1.2.1 小节的试验数据来看，硝酸＋柠檬酸混合浸出效果与盐酸＋柠檬酸混合浸出效果大致相同，这是由于硝酸与盐酸同为一元强酸，浸出机理相似。

4.1.2.3　硫酸与柠檬酸混合对磷、铁浸出的影响

当硫酸浓度固定为 0.02mol/L，改变柠檬酸的浓度对磷、铁浸出的影响结果如图 4-4（a）所示。由图可知，当混合酸溶液中硫酸浓度为 0.02mol/L，柠

檬酸浓度为 0 时，磷和铁的浸出率分别为 2.75% 和 20.93%；柠檬酸加入后，磷、铁浸出率显著升高，当柠檬酸浓度提高到 0.0026mol/L 时，磷浸出率高于铁浸出率，此时的磷、铁浸出率分别为 73.24%、35.3%；由第 2 章单酸的浸出结果可知，要达到 0.02mol/L 硫酸＋0.0026mol/L 柠檬酸混合浸出时的磷浸出率，硫酸浓度需要在 0.1mol/L 左右，柠檬酸浓度需要在 0.0104mol/L 左右。

当柠檬酸浓度固定为 0.0026mol/L，改变硫酸浓度对磷、铁浸出的影响结果如图 4-4（b）所示。由图可知，当硫酸浓度在 0~0.03mol/L 范围内时，磷浸出率始终高于铁浸出率，这说明 0.0026mol/L 柠檬酸溶液可以有效地吸附溶液中的 Fe^{3+}，控制溶液中 Fe^{3+} 的数量。通过以上分析，可以得出硫酸和柠檬酸混合的最佳组合为 0.025mol/L 硫酸＋0.0026mol/L 柠檬酸，此时钢渣的磷、铁浸出率分别为 98.36% 和 42.53%，滤液的 pH 值为 2.76。

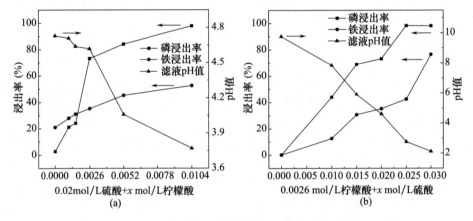

图 4-4　硫酸与柠檬酸混合对磷、铁浸出效果的影响

（a）硫酸浓度固定为 0.05mol/L；（b）柠檬酸浓度固定为 0.0026mol/L

由以上试验结果可知，当 H^+ 浓度大体相同时，硫酸与柠檬酸混合溶液中磷的浸出率要高于盐酸/硝酸与柠檬酸混合溶液中磷的浸出率，但硫酸与柠檬酸混合溶液中铁的浸出率同样较高，这是由于硫酸作为二元强酸更易对钢渣结构造成破坏，从而使镁铁相的中的铁被大量浸出。因此，为了控制铁浸出率，保证滤渣的铁品位，混合酸浸出钢渣时无机酸类型选择硝酸或盐酸为宜。

4.1.2.4　钢渣浸出前后的微观形貌和物相表征

钢渣在 0.05mol/L 盐酸＋0.00156mol/L 柠檬酸混合溶液中浸出前后的 XRD 分析结果如图 4-5 所示。由图可知，混合酸浸出后 C_2S-C_3P 固溶体相的衍射峰数量减少，强度减弱，MgO-FeO 相的衍射峰消失，Fe_2O_3 相的衍射峰数量略有减少，浸出后新增了 $C_2H_2FeO_4$ 相与 $Fe(OH)_3$ 相，这表明混合酸浸出可破坏钢渣的结构，浸出了大部分磷和少量的铁。

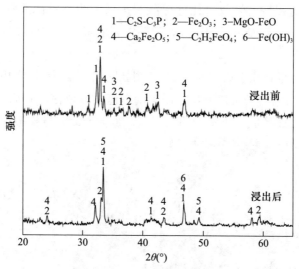

图 4-5 混合酸浸出前后钢渣的 XRD 分析图谱

0.05mol/L 盐酸、0.00156mol/L 柠檬酸单酸浸出钢渣及 0.05mol/L 盐酸＋0.00156mol/L 柠檬酸混合浸出钢渣后的 XRD 对比分析如图 4-6 所示。由

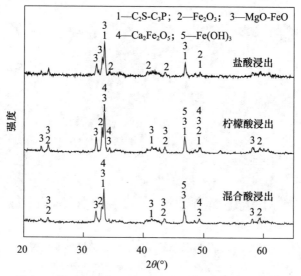

图 4-6 单酸与混合酸浸出后钢渣的 XRD 对比分析图

图可知，混合酸浸出后的 C_2S-C_3P 固溶体相衍射峰数量与盐酸浸出后的数量大体相同，但比柠檬酸浸出后的数量略少，说明 0.05mol/L 盐酸酸性大于 0.00156mol/L 柠檬酸，而混合酸溶液可以充分溶解 C_2S-C_3P 固溶体。混合酸浸出后的 Fe_2O_3 相衍射峰数量比柠檬酸浸出后的少，与盐酸浸出后的数量相同，但峰值比与盐酸浸出后的略高，说明混合酸溶液中的柠檬酸可以有效地控制铁的浸出。

单酸与混合酸浸出前后钢渣的 SEM 图如图 4-7 所示。各物相中的成分含量组成见表 4-2。从图 4-7 可以看出，浸出前钢渣表面致密，0.05mol/L 盐酸单酸浸出后，钢渣表面形成大小不一的孔洞，0.00156mol/L 柠檬酸单酸浸出后，钢

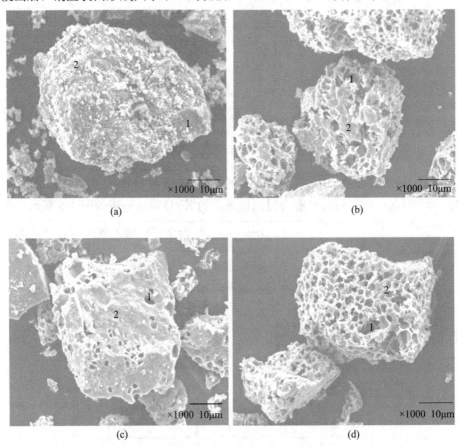

图 4-7　单酸与混合酸浸出前后钢渣的颗粒形貌

(a) 原始钢渣；(b) 0.05mol/L 盐酸单酸浸出；

(c) 0.00156mol/L 柠檬酸单酸浸出；(d) 0.05mol/L 盐酸＋0.00156mol/L 柠檬酸混合浸出

渣表面空洞较少，这是由于 0.05mol/L 盐酸酸性较强，而 0.00156mol/L 柠檬酸酸性较弱。混合酸溶液浸出后，钢渣表面有大量孔洞，分布密集且均匀，这是因为混合酸浸出时柠檬酸选择性地破坏了 C_2S-C_3P 固溶体的结构，从而浸出大量的磷元素。

表 4-2　图 4-7 中不同位置的能谱分析结果　　　　　　　　　　（%）

样品	位置	CaO	SiO$_2$	Fe$_2$O$_3$	P$_2$O$_5$	MgO	MnO	Al$_2$O$_3$	主要物相
(a)	点 1	39.83	28.29	5.28	21.18	0.67	0.83	0.26	含磷固溶体
	点 2	16.62	6.60	59.54	1.53	3.65	2.03	3.40	镁铁相
(b)	点 1	33.14	21.04	24.66	11.17	2.27	1.23	2.27	镁铁相
	点 2	15.90	9.74	58.14	1.19	3.41	2.17	2.59	镁铁相
(c)	点 1	45.27	26.67	6.11	20.04	1.91	0.05	0.12	含磷固溶体
	点 2	19.07	5.05	64.17	0.40	6.81	2.25	1.92	镁铁相
(d)	点 1	19.55	13.11	58.23	4.52	1.95	1.53	0.27	镁铁相
	点 2	5.77	2.36	77.93	0.22	8.22	3.23	1.73	镁铁相

由表 4-2 可知，0.05mol/L 盐酸单酸浸出后点 1 处的 P_2O_5 含量与原钢渣相比降低了大约 10 个百分点，0.00156mol/L 柠檬酸单酸浸出后点 1 处的 P_2O_5 含量与原钢渣相比略有下降，混合酸溶液浸出后点 1 处的 P_2O_5 含量与原钢渣相比降低了大约 17 个百分点。以上结果说明，混合酸溶液有利于钢渣中 C_2S-C_3P 固溶体的溶解。由于无机酸与有机酸相比对铁的溶解性较强，0.05mol/L 盐酸单酸浸出后点 2 处 Fe_2O_3 含量比柠檬酸、混合酸溶液浸出后点 2 处的含量低，这说明有机酸阴离子可与浸出的 Fe^{3+} 络合，通过吸附点吸附在钢渣上，降低了溶液中可溶性 Fe^{3+} 的浓度。

4.2　钢渣中磷在酸溶液中浸出机理的分析

4.2.1　浸出液中各物质浓度的计算

为了确定浸出过程中各种元素的存在形式，明晰磷、铁等元素的溶解机理，需通过热力学平衡计算出盐酸、柠檬酸以及混合酸溶液中各种离子的浓度。0.05mol/L 盐酸、0.00156mol/L 柠檬酸和 0.05mol/L 盐酸＋0.00156mol/L 柠檬酸混合溶液的磷浸出率相差较大，分别为 14.29%、0.21%、70.64%。为了分析比较单酸及混合酸浸出磷元素的机理，本小节对这三种浸出液中各元素的浓度进行了计算。

钢渣在 0.05mol/L 盐酸、0.00156mol/L 柠檬酸、0.05mol/L 盐酸＋0.00156mol/L 柠檬酸中浸出 60min 时，溶液中各元素的总浓度见表 4-3。$[Citrate]_T$ 代表柠檬酸的总浓度，$[H^+]_T$ 通过测量滤液的 pH 值得出，$[Ca]_T$、$[Fe]_T$、$[P]_T$ 和 $[Mg]_T$ 分别表示通过 ICP-AES 测量的钙、铁、硅、磷和镁的总浓度。

表 4-3　钢渣在不同酸中浸出 60min 时溶液中各种元素的总浓度(mol/L)

酸溶液	$[Citrate]_T$	$[H^+]_T$	$[Ca]_T$	$[Fe]_T$	$[P]_T$	$[Mg]_T$
0.05mol/L 盐酸	0	1.17×10^{-5}	2.11×10^{-2}	1.77×10^{-3}	1.83×10^{-4}	2.51×10^{-3}
0.00156mol/L 柠檬酸	1.56×10^{-3}	3.31×10^{-11}	3.04×10^{-3}	3.95×10^{-6}	2.70×10^{-6}	5.70×10^{-5}
0.05mol/L 盐酸＋0.00156mol/L 柠檬酸	1.56×10^{-3}	2.88×10^{-4}	1.98×10^{-2}	2.73×10^{-3}	9.02×10^{-4}	2.43×10^{-3}

溶液中硅的存在形式为 SiO_2、H_4SiO_4 以及 H_4SiO_4 水解的各种离子，因此，可认为三种酸溶液浸出后滤液中不含其他含硅离子，盐酸带入的 Cl^- 与其他金属阳离子形成的化合物均为强电解质，因此计算时不考虑 Si、Cl 元素对溶液中其他元素存在形式的影响。根据质量平衡，盐酸溶液中的 $[Ca]_T$、$[Fe]_T$、$[Mg]_T$、$[P]_T$ 可以用方程式（4-1）～式（4-4）表示，柠檬酸以及混合酸溶液中的 $[Ca]_T$、$[Fe]_T$、$[Mg]_T$、$[P]_T$ 和 $[Citrate]_T$ 用方程式（4-5）～式（4-9）表示。

$$[Ca]_T = [Ca^{2+}] + [CaH_2PO_4^+] + [CaHPO_4] + [CaPO_4] + [CaOH^+] \tag{4-1}$$

$$[Fe]_T = [Fe^{3+}] + [FeHPO_4^+] + [FeH_2PO_4^{2+}] + [FeOH^{2+}] + [Fe(OH)_2^+] + [Fe(OH)_4^-] + [Fe_2(OH)_2^{4+}] + [Fe_3(OH)_4^{5+}] \tag{4-2}$$

$$[Mg]_T = [Mg^{2+}] + [MgPO_4^-] + [MgHPO_4] + [MgH_2PO_4^+] + [MgOH^+] \tag{4-3}$$

$$[P]_T = [PO_4^{3-}] + [H_3PO_4] + [H_2PO_4^-] + [HPO_4^{2-}] + [CaH_2PO_4^+] + [CaHPO_4] + [CaPO_4] + [FeHPO_4^+] + [FeH_2PO_4^{2+}] + [MgPO_4^-] + [MgHPO_4] + [MgH_2PO_4^+] \tag{4-4}$$

$$[Ca]_T = [Ca^{2+}] + [CaH_2PO_4^+] + [CaHPO_4] +$$
$$[CaPO_4^-] + [CaOH^+] + [CaH_2Cit^+] + \tag{4-5}$$
$$[CaHCit] + [CaCit^-]$$

$$[Fe]_T = [Fe^{3+}] + [FeHPO_4^+] + [FeH_2PO_4^{2+}] + [FeOH^{2+}] +$$
$$[Fe(OH)_2^+] + [Fe(OH)_4^-] + [Fe_2(OH)_2^{4+}] +$$
$$[Fe_3(OH)_4^{5+}] + [FeHCit^+] + [FeCit]$$

$$\tag{4-6}$$

$$[Mg]_T = [Mg^{2+}] + [MgPO_4^-] + [MgHPO_4] +$$
$$[MgH_2PO_4^+] + [MgOH^+] + [Mg(HCit)] + \tag{4-7}$$
$$[MgCit^-] + [Mg(H_2Cit)^+]$$

$$[P]_T = [PO_4^{3-}] + [H_3PO_4] + [H_2PO_4^-] + [HPO_4^{2-}] +$$
$$[CaH_2PO_4^+] + [CaHPO_4] + [CaPO_4^-] +$$
$$[FeHPO_4^+] + [FeH_2PO_4^{2+}] + [MgPO_4^-] + \tag{4-8}$$
$$[MgHPO_4] + [MgH_2PO_4^+]$$

$$[Citrate]_T = [Cit^{3-}] + [H_3Cit] + [H_2Cit^-] + [HCit^{2-}] +$$
$$[CaH_2Cit^+] + [CaHCit] + [CaCit^-] +$$
$$[FeHCit^+] + [FeCit] + [Mg(HCit)] + \tag{4-9}$$
$$[MgCit^-] + [Mg(H_2Cit)^+]$$

在方程式（4-1）～式（4-9）中，方括号表示相应物质的分析浓度。假设滤液为理想溶液，由于柠檬酸与磷酸均为弱电解质，因此使用浓度计算而非活度。引入化学反应的平衡常数，由方程式（4-1）～式（4-9）可进一步推导出方程式（4-10）～式（4-18）。

$$[Ca]_T = [Ca^{2+}](1 + K_2K_3K_7[H^+]^2[PO_4^{3-}] +$$
$$K_3K_8[H^+][PO_4^{3-}] + K_9[PO_4^{3-}] + \tag{4-10}$$
$$K_{10}/[H^+]K_{30})$$

$$[Fe]_T = [Fe^{3+}](1 + K_3K_{14}[H^+][PO_4^{3-}] + K_2K_3K_{15}[H^+]^2[PO_4^{3-}] +$$
$$K_{16}/[H^+]K_{30} + K_{17}/[H^+]^2K_{30}^2 + K_{18}/[H^+]^4K_{30}^4 +$$
$$K_{19}/[H^+]^2K_{30}^2[Fe^{3+}] + K_{20}/[H^+]^4K_{30}^4[Fe^{3+}]^2)$$

$$\tag{4-11}$$

$$[Mg]_T = [Mg^{2+}](1 + K_{23}[PO_4^{3-}] + K_3K_{24}[H^+][PO_4^{3-}] +$$
$$K_2K_3K_{25}[H^+]^2[PO_4^{3-}] + K_{26}/[H^+]K_{30}$$

$$\tag{4-12}$$

$$[P]_T = [PO_4^{3+}] \ (1 + K_1K_2K_3 \ [H^+]^3 + K_2K_3 \ [H^+]^2 +$$
$$K_3 \ [H^+] + K_2K_3K_7 \ [H^+]^2 \ [Ca^{2+}] + K_3K_8 \ [H^+] \ [Ca^{2+}] +$$
$$K_9 \ [Ca^{2+}] + K_3K_{14} \ [H^+] \ [Fe^{3+}] + K_2K_3K_{15} \ [H^+]^2 \ [Fe^{3+}] +$$
$$K_{23} \ [Mg^{2+}] + K_3K_{24} \ [H^+] \ [Mg^{2+}] + K_2K_3K_{25} \ [H^+]^2 \ [Mg^{2+}])$$

$$(4-13)$$

$$[Ca]_T = [Ca^{2+}] \ (1 + K_2K_3K_7 \ [H^+]^2 \ [PO_4^{3-}] + K_3K_8 \ [H^+] \ [PO_4^{3-}] +$$
$$K_9 \ [PO_4^{3-}] + K_{10} / \ [H^+] \ K_{30} + K_5K_6K_{11} \ [H^+]^2 \ [Cit^{3-}] +$$
$$K_6K_{12} \ [H^+] \ [Cit^{3-}] + K_{13} \ [Cit^{3-}])$$

$$(4-14)$$

$$[Fe]_T = [Fe^{3+}] \ (1 + K_3K_{14} \ [H^+] \ [PO_4^{3-}] + K_2K_3K_{15} \ [H^+]^2 \ [PO_4^{3-}] +$$
$$K_{16} / \ [H^+] \ K_{30} + K_{17} / \ [H^+]^2 K_{30}^2 + K_{18} / \ [H^+]^4 K_{30}^4 +$$
$$K_{19} / \ [H^+]^2 K_{30}^2 \ [Fe^{3+}] + K_{20} / \ [H^+]^4 K_{30}^4 \ [Fe^{3+}]^2 +$$
$$K_6K_{21} \ [H^+] \ [Cit^{3-}] \ K_{22} \ [Cit^{3-}])$$

$$(4-15)$$

$$[Mg]_T = [Mg^{2+}] \ (1 + K_{23} \ [PO_4^{3-}] + K_3K_{24} \ [H^+] \ [PO_4^{3-}] +$$
$$K_2K_3K_{25} \ [H^+]^2 \ [PO_4^{3-}] + K_{26} / \ [H^+] \ K_{30} +$$
$$K_6K_{27} \ [H^+] \ [Cit^{3-}] + K_{28} \ [Cit^{3-}] + K_5K_6K_{29} \ [H^+]^2 \ [Cit^{3-}])$$

$$(4-16)$$

$$[P]_T = [PO_4^{3+}] \ (1 + K_1K_2K_3 \ [H^+]^3 + K_2K_3 \ [H^+]^2 + K_3 \ [H^+] +$$
$$K_2K_3K_7 \ [H^+]^2 \ [Ca^{2+}] + K_3K_8 \ [H^+] \ [Ca^{2+}] + K_9 \ [Ca^{2+}] +$$
$$K_3K_{14} \ [H^+] \ [Fe^{3+}] + K_2K_3K_{15} \ [H^+]^2 \ [Fe^{3+}] + K_{23} \ [Mg^{2+}] +$$
$$K_3K_{24} \ [H^+] \ [Mg^{2+}] + K_2K_3K_{25} \ [H^+]^2 \ [Mg^{2+}])$$

$$(4-17)$$

$$[Citrate]_T = [Cit^3] \ (1 + K_4K_5K_6 \ [H^+]^3 + K_5K_6 \ [H^+]^2 + K_6 \ [H^+] +$$
$$K_5K_6K_{11} \ [H^+]^2 \ [Ca^{2+}] + K_6K_{12} \ [H^+] \ [Ca^{2+}] +$$
$$K_{13} \ [Ca^{2+}] + K_{21}K_6 \ [H^+] \ [Fe^{3+}] +$$
$$K_{22} \ [Fe^{3+}] + K_{27}K_6 \ [H^+] \ [Mg^{2+}] +$$
$$K_{28} \ [Mg^{2+}] + K_{29}K_5K_6 \ [H^+]^2 \ [Mg^{2+}])$$

$$(4-18)$$

结合 298K 下各平衡反应及平衡常数（表 4-4），对非线性方程式（4-10）～式（4-18）采用牛顿迭代法求解，并用 Matlab 编程解方程得出各物质的浓度，结果见表 4-5。由表可知，钙在盐酸与混合酸溶液中的主要存在形式为 Ca^{2+}，在柠檬酸溶液中的主要存在形式为 $CaCit^-$；铁在盐酸溶液中的主要存在形式是 Fe^{3+} 与 $FeH_2PO_4^{2+}$，在柠檬酸与混合酸溶液中的主要存在形式为 $FeCit$ 与 $FeH_2PO_4^{2+}$；磷在溶液中均是以 $FeH_2PO_4^{2+}$ 为主要存在形式，镁在盐酸与混合酸溶液中的主要存在形式为 Mg^{2+}，在柠檬酸溶液中的主要存在形式为 Mg^{2+} 和 $MgCit^-$。

表 4-4　298K 下的平衡反应与平衡常数

编号	反应	K
1	$H^+ + H_2PO_4^- \rightleftharpoons H_3PO_4$	1.64×10^2
2	$H^+ + HPO_4^{2-} \rightleftharpoons H_2PO_4^-$	1.60×10^7
3	$H^+ + PO_4^{3-} \rightleftharpoons HPO_4^{2-}$	2.30×10^{12}
4	$H^+ + H_2Cit^- \rightleftharpoons H_3Cit$	1.34×10^3
5	$H^+ + HCit^{2-} \rightleftharpoons H_2Cit^-$	6.02×10^5
6	$H^+ + Cit^{3-} \rightleftharpoons HCit^{2-}$	2.29×10^6
7	$Ca^{2+} + H_2PO_4^- \rightleftharpoons CaH_2PO_4^+$	3.19×10^1
8	$Ca^{2+} + HPO_4^{2-} \rightleftharpoons CaHPO_4$	6.81×10^2
9	$Ca^{2+} + PO_4^{3-} \rightleftharpoons CaPO_4^-$	2.90×10^6
10	$Ca^{2+} + OH^- \rightleftharpoons CaOH^+$	3.24×10^1
11	$Ca^{2+} + H_2Cit^- \rightleftharpoons CaH_2Cit^+$	3.38×10^1
12	$Ca^{2+} + HCit^{2-} \rightleftharpoons CaHCit$	8.31×10^2
13	$Ca^{2+} + Cit^{3-} \rightleftharpoons CaCit^-$	6.30×10^4
14	$Fe^{3+} + HPO_4^{2-} \rightleftharpoons FeHPO_4^+$	1.99×10^8
15	$Fe^{3+} + H_2PO_4^- \rightleftharpoons FeH_2PO_4^{2+}$	2.00×10^{22}
16	$Fe^{3+} + OH^- \rightleftharpoons FeOH^{2+}$	6.40×10^{11}
17	$Fe^{3+} + 2OH^- \rightleftharpoons Fe(OH)_2^+$	2.00×10^{22}
18	$Fe^{3+} + 4OH^- \rightleftharpoons Fe(OH)_4^-$	2.50×10^{34}
19	$2Fe^{3+} + 2OH^- \rightleftharpoons Fe_2(OH)_2^{4+}$	1.20×10^{25}
20	$3Fe^{3+} + 4OH^- \rightleftharpoons Fe_3(OH)_4^{5+}$	5.00×10^{49}
21	$Fe^{3+} + HCit^{2-} \rightleftharpoons FeHCit^+$	5.00×10^6
22	$Fe^{3+} + Cit^{3-} \rightleftharpoons FeCit$	1.58×10^{11}
23	$Mg^{2+} + PO_4^{3-} \rightleftharpoons MgPO_4^-$	3.16×10^2
24	$Mg^{2+} + HPO_4^{2-} \rightleftharpoons MgHPO_4$	7.41×10^2
25	$Mg^{2+} + H_2PO_4^- \rightleftharpoons MgH_2PO_4^+$	3.26×10^1

编号	反应	K
26	$Mg^{2+}+OH^-\!\!=\!\!=\!\!MgOH^+$	3.63×10^2
27	$Mg^{2+}+HCit^{2-}\!\!=\!\!=\!\!Mg(HCit)$	3.98×10^2
28	$Mg^{2+}+Cit^{3-}\!\!=\!\!=\!\!MgCit^-$	6.45×10^4
29	$Mg^{2+}+H_2Cit\!\!=\!\!=\!\!Mg(H_2Cit)^+$	2.04×10^1
30	$H^++OH^-\!\!=\!\!=\!\!H_2O$	1.00×10^{14}

表 4-5　不同酸溶液中各种物质的浓度　　　　　　　（mol/L）

物质	浸出液类型		
	0.05mol/L 盐酸	0.00156mol/L 柠檬酸	0.05mol/L 盐酸＋0.00156mol/L 柠檬酸
$[Ca^{2+}]$	1.91×10^{-2}	1.50×10^{-4}	1.08×10^{-2}
$[Fe^{3+}]$	1.05×10^{-4}	1.89×10^{-26}	1.01×10^{-5}
$[PO_4{}^{3-}]$	1.74×10^{-13}	6.15×10^{-10}	1.47×10^{-32}
$[Mg^{2+}]$	2.50×10^{-3}	2.67×10^{-5}	2.40×10^{-3}
$[Cit^{3-}]$	0	1.59×10^{-5}	8.30×10^{-10}
$[HPO_4{}^{2-}]$	4.68×10^{-21}	4.68×10^{-8}	9.34×10^{-24}
$[H_2PO_4{}^-]$	8.76×10^{-19}	2.59×10^{-11}	4.30×10^{-20}
$[H_3PO_4]$	1.64×10^{-21}	1.41×10^{-19}	2.03×10^{-21}
$[HCit^{2-}]$	0	1.21×10^{-9}	5.47×10^{-7}
$[H_2Cit^-]$	0	2.41×10^{-14}	9.48×10^{-5}
$[H_3Cit]$	0	1.07×10^{-21}	3.67×10^{-5}
$[CaH_2PO_4{}^+]$	5.90×10^{-20}	1.24×10^{-13}	2.72×10^{-21}
$[CaHPO_4]$	6.72×10^{-20}	4.78×10^{-8}	1.26×10^{-22}
$[CaPO_4{}^-]$	1.06×10^{-23}	2.68×10^{-7}	8.44×10^{-28}
$[CaOH^+]$	5.23×10^{-11}	1.47×10^{-6}	2.23×10^{-12}
$[CaH_2Cit^+]$	0	1.22×10^{-16}	6.34×10^{-6}
$[CaHCit]$	0	1.51×10^{-9}	9.00×10^{-6}
$[CaCit^-]$	0	1.50×10^{-3}	1.04×10^{-6}
$[FeHPO_4{}^+]$	9.78×10^{-20}	1.76×10^{-25}	1.88×10^{-20}
$[FeH_2PO_4{}^{2+}]$	1.84×10^{-4}	9.79×10^{-7}	8.69×10^{-4}
$[FeOH^{2+}]$	5.47×10^{-5}	3.65×10^{-18}	2.24×10^{-4}
$[Fe(OH)_2{}^+]$	1.53×10^{-5}	3.45×10^{-11}	2.43×10^{-4}

物质	浸出液类型		
	0.05mol/L 盐酸	0.00156mol/L 柠檬酸	0.05mol/L 盐酸＋0.00156mol/L 柠檬酸
$[Fe(OH)_4^-]$	1.40×10^{-9}	3.93×10^{-8}	3.66×10^{-13}
$[Fe_2(OH)_2^{4+}]$	7.43×10^{-8}	3.91×10^{-34}	1.47×10^{-6}
$[Fe_3(OH)_4^{5+}]$	3.08×10^{-8}	2.81×10^{-42}	7.47×10^{-8}
$[FeHCit^+]$	0	1.14×10^{-28}	2.76×10^{-5}
$[FeCit]$	0	4.75×10^{-19}	1.32×10^{-4}
$[MgPO_4^-]$	1.37×10^{-28}	5.19×10^{-12}	1.11×10^{-32}
$[MgHPO_4]$	8.67×10^{-21}	9.26×10^{-10}	1.66×10^{-23}
$[MgH_2PO_4^+]$	7.14×10^{-21}	2.49×10^{-15}	3.72×10^{-22}
$[MgOH^+]$	7.75×10^{-10}	2.93×10^{-6}	3.02×10^{-11}
$[Mg(HCit)]$	0	1.29×10^{-11}	5.22×10^{-7}
$[MgCit^-]$	0	2.74×10^{-5}	1.28×10^{-7}
$[Mg(H_2Cit)^+]$	0	1.31×10^{-18}	4.64×10^{-7}

4.2.2　浸出液中沉淀物生成行为的分析

混合酸溶解钢渣的机理不仅与元素的存在形式有关，还需要结合沉淀物的生成行为进行分析。为了阐明溶解机理，应讨论沉淀形成的可能性。根据组分浓度的计算结果，研究了沉淀溶解度与自由离子浓度的关系，各种可能存在的沉淀物溶解度积常数见表4-6。

表4-6　298K 下各种沉淀物的溶解度积常数

编号	平衡反应	K_{sp}
1	$Ca_5(PO_4)_3(OH)(s) = 5Ca^{2+} + 3PO_4^{3-} + OH^-$	1.60×10^{-58}
2	$Ca_3(PO_4)_2(s) = 3Ca^{2+} + 2PO_4^{3-}$	2.07×10^{-29}
3	$Ca_4H(PO_4)_3(s) = 4Ca^{2+} + H^+ + 3PO_4^{3-}$	1.20×10^{-47}
4	$CaHPO_4(s) = Ca^{2+} + HPO_4^{2-}$	1.00×10^{-7}
5	$Ca(H_2PO_4)_2(s) = Ca^{2+} + 2H_2PO_4^-$	7.00×10^{-2}
6	$FePO_4(s) = Fe^{3+} + PO_4^{3-}$	1.30×10^{-22}
7	$FePO_4 \cdot 2H_2O(s) = Fe^{3+} + PO_4^{3-} + 2H_2O$	9.91×10^{-16}
8	$FePO_4 \cdot 2H_2O(s) = Fe^{3+} + H_2PO_4^- + 2OH^-$	1.20×10^{-35}

编号	平衡反应	K_{sp}
9	$Fe_3(PO_4)_2 \cdot 8H_2O(s) \rightleftharpoons 3Fe^{3+} + 2PO_4^{3-} + 8H_2O$	1.00×10^{-36}
10	$Fe(OH)_3(s) \rightleftharpoons Fe^{3+} + 3(OH)^-$	2.79×10^{-39}
11	$Fe(OH)_3(s) \rightleftharpoons Fe(OH)^{2+} + 2(OH)^-$	6.90×10^{-27}
12	$Fe(OH)_3(s) \rightleftharpoons Fe(OH)_2^+ + (OH)^-$	1.80×10^{-17}
13	$Fe(OH)_3(s) \rightleftharpoons Fe_2(OH)_2^{4+} + 4(OH)^-$	1.60×10^{-51}
14	$Mg_3(PO_4)_2(s) \rightleftharpoons 3Mg^{2+} + 2PO_4^{3-}$	1.04×10^{-24}
15	$Mg(OH)_2(s) \rightleftharpoons Mg^{2+} + 2OH^-$	5.61×10^{-12}
16	$MgHPO_4 \cdot 3H_2O(s) \rightleftharpoons Mg^{2+} + 3H_2O + HPO_4^{2-}$	1.50×10^{-6}
17	$Mg_3(PO_4)_2 \cdot 22H_2O(s) \rightleftharpoons 3Mg^{2+} + 22H_2O + PO_4^{3-}$	6.30×10^{-26}

不同浸出液中 Ca^{2+} 和 PO_4^{3-} 的浓度点与 $Ca_5(PO_4)_3(OH)(s)$、$Ca_3(PO_4)_2(s)$、$Ca_4H(PO_4)_3(s)$、$CaHPO_4(s)$、$Ca(H_2PO_4)_2(s)$ 溶解度线之间的关系如图 4-8 所示。由图 4-8 可知，0.05mol/L 盐酸、0.00156mol/L 柠檬酸溶液中 Ca^{2+} 和 PO_4^{3-} 的浓度点位于 $Ca_5(PO_4)_3(OH)(s)$ 溶解度线的上方，混合酸溶液中 Ca^{2+} 和 PO_4^{3-} 的浓度点位于 $Ca_5(PO_4)_3(OH)(s)$ 溶解度线的下方，这说明在混合酸溶液中未产生 $Ca_5(PO_4)_3(OH)$ 沉淀，而在 0.05mol/L 盐酸、0.00156mol/L 柠檬酸溶液中，Ca^{2+} 和 PO_4^{3-} 的浓度达到了饱和，易产生 $Ca_5(PO_4)_3(OH)$ 沉淀，导致溶液中磷元素浓度降低，计算结果与试验结果基本相符。另外，0.05mol/L 盐酸、0.00156mol/L 柠檬酸和 0.05mol/L 盐酸＋0.00156mol/L 柠檬酸混合溶液中 Ca^{2+} 和 PO_4^{3-} 的浓度点位于 $Ca_3(PO_4)_2(s)$、$Ca_4H(PO_4)_3(s)$、$CaHPO_4(s)$、$Ca(H_2PO_4)_2(s)$ 溶解度线的下方，即在三种溶液中均未形成 $Ca_3(PO_4)_2$、$Ca_4H(PO_4)_3$、$CaHPO_4$、$Ca(H_2PO_4)_2$ 沉淀物。

不同浸出液中 Fe^{3+} 和 PO_4^{3-} 的浓度与磷酸铁盐、氢氧化三铁沉淀溶解度线之间的关系如图 4-9 和图 4-10 所示。由图 4-9 可知，Fe^{3+} 和 PO_4^{3-} 浓度点均在 $FePO_4(s)$、$FePO_4 \cdot 2H_2O(s)$，$Fe_3(PO_4)_2 \cdot 8H_2O(s)$ 溶解度线之下，即在三种酸溶液中均不会形成磷酸铁沉淀。在图 4-10 中，Fe^{3+} 和 PO_4^{3-} 的浓度点均在 $Fe(OH)_3(s)$ 溶解度线的上方，且离溶解度线较近，这说明在 0.05mol/L 盐酸、0.00156mol/L 柠檬酸和混合酸溶液中会形成少量的 $Fe(OH)_3$ 沉淀，这与三种溶液中较低的铁浸出率结果相符。

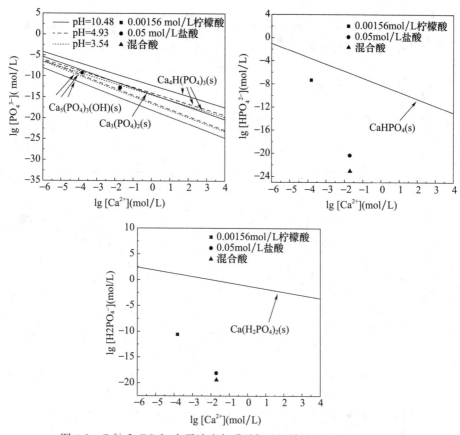

图 4-8 Ca^{2+} 和 PO_4^{3-} 离子浓度与磷酸钙盐沉淀溶解度线之间的关系

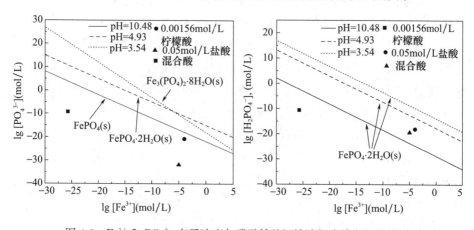

图 4-9 Fe^{3+} 和 PO_4^{3-} 离子浓度与磷酸铁盐沉淀溶解度线之间的关系

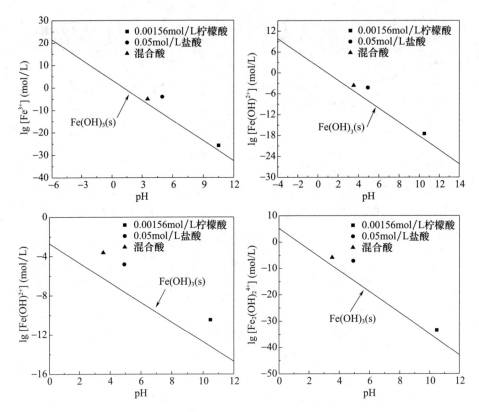

图 4-10　Fe^{3+} 和 PO_4^{3-} 离子浓度与氢氧化三铁沉淀溶解度线之间的关系

不同浸出液中 Mg^{2+}、HPO_4^{2-}、PO_4^{3-} 和 OH^- 浓度与 $Mg_3(PO_4)_2(s)$、$MgHPO_4 \cdot 3H_2O$ (s)、$Mg_3(PO_4)_2 \cdot 22H_2O$ (s)和 $Mg(OH)_2(s)$的溶解度线关系如图 4-11 和图 4-12 所示。由图 4-11 可知，0.05mol/L 盐酸和混合酸溶液中 Mg^{2+} 和 PO_4^{3-} 的浓度点均在磷酸镁沉淀溶解度线之下，0.00156mol/L 柠檬酸溶液中 Mg^{2+} 和 PO_4^{3-} 的浓度点在 $Mg_3(PO_4)_2 \cdot 22H_2O(s)$溶解度线之上，但在 $Mg_3(PO_4)_2(s)$、$MgHPO_4 \cdot 3H_2O(s)$溶解度线之下，因此，0.05mol/L 盐酸和混合酸溶液中很难产生磷酸镁沉淀，但在 0.00156mol/L 柠檬酸溶液中易产生 $Mg_3(PO_4)_2 \cdot 22H_2O$ 沉淀，这与 0.00156mol/L 柠檬酸溶液中镁的浸出率远远低于 0.05mol/L 盐酸和混合酸溶液中镁的浸出率结果相符。由图 4-12 可知，三种溶液中 Mg^{2+} 和 OH^- 离子的浓度点均在 $Mg(OH)_2(s)$的溶解度线以下，0.00156mol/L 柠檬酸溶液的浓度点离 $Mg(OH)_2(s)$的溶解度线最近，说明在三个试验中均未形成氢氧化镁沉淀。

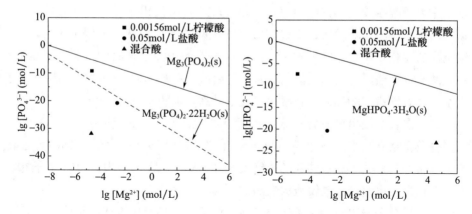

图 4-11　Mg^{2+} 和 $PO_4{}^{3-}$ 离子浓度与磷酸镁盐沉淀溶解度线之间的关系

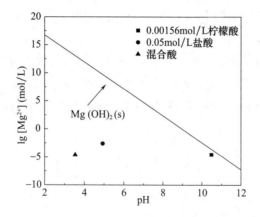

图 4-12　Mg^{2+} 和 OH^- 离子浓度与氢氧化镁沉淀溶解度线之间的关系

　　综上，在混合酸溶液中，无机酸为有机酸选择性浸出含磷固溶体创造了有利的酸性条件，促进了磷的浸出，而有机酸阻止了 $Ca_5(PO_4)_3(OH)$ 沉淀的形成，保证了溶液中磷的浓度；混合酸溶液中的铁浸出率比有机酸溶液中的铁浸出率高，比无机酸溶液中的铁浸出率低，是由于在无机酸会降低浸出液的 pH 值，溶液中没有 $Fe(OH)_3$ 沉淀的生成，铁元素主要存在形式为 Fe^{3+}。

4.3　本章小结

　　本章对钢渣在有机和无机混合酸中的浸出行为进行了研究，并对浸出过程的机理进行了热力学计算分析，主要得到以下结论：

　　（1）在盐酸与柠檬酸的混合酸中，随着盐酸浓度或柠檬酸浓度的升高，磷浸出率增长幅度较大，铁浸出率增长幅度较小；磷浸出率受柠檬酸影响较大，铁浸出率受盐酸影响较大；当以硝酸与柠檬酸的混合溶液作为浸出剂时，磷、铁浸出的变化规律与盐酸＋柠檬酸的混合溶液作为浸出剂时的试验结果相似；在硫酸与柠檬酸混合浸出钢渣的试验中，硫酸单独浸出时，铁浸出率高于磷浸出率，随着柠檬酸的加入，磷浸出率大幅升高，铁浸出率缓慢升高。

（2）混合酸浸出钢渣后 C_2S-C_3P 固溶体相的衍射峰数量减少，Fe_2O_3 相的衍射峰数量略有减少，新增了 $C_2H_2FeO_4$ 相与 $Fe(OH)_3$ 相；浸出后钢渣表面形成了分布均匀、大小相似的孔洞；绝大部分 Fe_2O_3 仍在钢渣中，说明混合酸溶液可选择性浸出磷，提高钢渣的铁品位。

（3）混合酸浸出时，有机酸选择性破坏了 C_2S-C_3P 固溶体的结构，为无机酸浸出磷元素创造了一个良好的条件，有机阴离子可与 Ca^{2+} 络合，阻止磷酸钙沉淀的形成，被浸出的 Fe^{3+} 可以通过羧基的络合吸附作用回到沉淀中，降低了溶液中 Fe^{3+} 的浓度。

（4）通过热力学计算可知，混合酸溶液中的无机酸会抑制 $Fe(OH)_3(s)$ 的形成，铁元素主要以 $FeCit$、$FeH_2PO_4^{2+}$ 形式存在；单酸溶液中 PO_4^{3-} 浓度均高于混合酸溶液中 PO_4^{3-} 浓度，单酸溶液中易产生羟基磷灰石沉淀，使浸出的磷返回到钢渣中。

5 生物质灰渣改质钢渣对含磷固溶体生成及磷浸出的影响

炼钢结束后的液态钢渣温度可达 1773～1873K，携带大量的物理显热。近年来，充分利用钢渣余热并对钢渣进行改质处理的在线重构技术逐渐受到人们的重视，该技术已在微晶玻璃、矿棉等再生产品的生产过程中得到了成功应用。为了促进磷在 $2CaO \cdot SiO_2$-$3CaO \cdot P_2O_5$ 固溶体中的富集，国内外学者也尝试了对钢渣进行改质处理，当向钢渣中添加 Na_2O 或 K_2O 时，可显著提高含磷固溶体的生成量，而且熔渣中 Na^+ 或 K^+ 可以取代 $2CaO \cdot SiO_2$-$3CaO \cdot P_2O_5$ 固溶体中的 Ca^{2+}，生成 $2CaO \cdot SiO_2$-$2CaO \cdot Na_2O(K_2O) \cdot P_2O_5$ 固溶体，该固溶体由于含有钠、钾，在溶液中的溶解能力要好于 $2CaO \cdot SiO_2$-$3CaO \cdot P_2O_5$ 固溶体。直接以 Na_2CO_3 或 K_2CO_3 等化学试剂为改质剂，存在成本较高及环境污染等问题，导致该技术还不能被工业生产所应用。

当前，为应对日益严重的能源危机和环境污染，以植物秸秆为原材料的生物质直燃发电技术得到了快速发展，随之也产生了大量的生物质灰渣。生物质灰渣中 K_2O 含量普遍较高，最高可达 25.18%，P_2O_5 含量也在 1.43%～8.61%，因此可用作钢渣的改质剂。本章研究了生物质灰渣在钢渣中的熔解机理，分析了改质钢渣过程中 $2CaO \cdot SiO_2$-$3CaO \cdot P_2O_5$ 固溶体的生成机理以及磷元素在酸溶液中的浸出规律。

5.1 生物质灰渣在钢渣中的熔解机理研究

生物质灰渣改质熔融钢渣过程中，生物质灰渣中的组元逐渐向钢渣中溶解并吸热，其快速熔解是改质是否成功的关键问题之一。因此，需研究不同生物质灰渣种类、添加量对钢渣物理性质的影响规律，建立起生物质灰渣在钢渣中溶解过程的宏观动力学模型，并确定溶解的限制性环节，为生物质灰渣的快速溶解过程提供理论依据。

5.1.1　生物质灰渣改质对钢渣黏度和熔化温度的影响

5.1.1.1　试验原料

试验中所用钢渣样是由分析纯化学试剂进行配制，其化学组成见表 5-1，所用试剂包括碳酸钙（$CaCO_3$）、二氧化硅（SiO_2）、氧化镁（MgO）、氧化铁（Fe_2O_3）、氧化铝（Al_2O_3）、磷酸钙（Ca_3P_2）、二氧化锰（MnO_2）。生物质灰渣选自国内某生物质电厂，对生物质灰渣进行 X 射线荧光光谱分析，其化学组成见表 5-2。

表 5-1　不同碱度钢渣的化学组成

碱度	化学成分（%）							
（R）	CaO	SiO_2	MgO	Fe_2O_3	Al_2O_3	P_2O_5	MnO_2	其他
1.86	34.56	18.57	5.34	31.43	3.37	2.55	2.38	1.80
2.36	37.32	15.81	5.34	31.43	3.37	2.55	2.38	1.80
2.86	39.37	13.76	5.34	31.43	3.37	2.55	2.38	1.80
3.36	40.94	12.19	5.34	31.43	3.37	2.55	2.38	1.80

表 5-2　生物质灰渣的化学组成

灰渣种类	化学成分（%）							
	CaO	SiO_2	MgO	Fe_2O_3	Al_2O_3	P_2O_5	K_2O	其他
玉米秸秆	7.32	49.75	2.55	1.55	1.78	6.23	24.91	5.91
草莓秸秆	20.01	19.11	7.91	2.83	4.77	9.74	29.35	6.28
大豆秸秆	32.09	1.25	6.69	0.17	—	5.2	47.39	7.2

5.1.1.2　改质钢渣黏度的计算方法

由于钢渣中铁氧化物含量较高，在高温下易侵蚀坩埚，且熔点在 1773K 以上，故其黏度很难通过试验进行测定。因此，本研究主要通过 FactSage 热力学软件及修正后的 Einstein-Roscoe 公式对钢渣黏度进行计算。主要应用 FactSage 热力学软件的 Equilib 和 Viscosity 两个处理模块，通过 Equilib 的 Reactants Window 和 Menu Window 进行输入计算，可得到渣系的熔化温度。Viscosity 模块处理 Equilb 模块计算出的数据，可得到在相应条件下渣系的黏度。

Viscosity 模块仅适用于单一氧化物熔体的黏度计算，不能直接计算熔体与固体混合物的黏度，而渣样在 1923K 时并不都为单一液相，所以首先利用

Equilib 模块，先检查渣样在 1923K 时是否为单一的液相，如果不为单一熔体，则可以从 Equilib 的计算结果中得到混合物中液体的成分、液体和固体的质量分数，再采用 Einstein-Roscoe 公式近似计算液固混合物的黏度：

Viscosity（solid+liquid mixture）≈Viscosity（liquid）× （1—solid fraction）$^{-2.5}$

$$(5\text{-}1)$$

5.1.1.3 改质钢渣熔化温度的测试方法

试验所用到的主要设备为熔点熔速测定仪，熔点熔速测定仪主要用于测量金属及炉渣的熔化、湿润等高温性能，采用高清可视化实时观测熔体升温过程的形貌变化，以试样高度表征熔化特性，其中原始试样高度的 75％、50％、25％分别表征为软化温度、熔化温度（半球温度）和流动温度。

改质钢渣熔化温度的测试步骤如下：

（1）分别称取预熔渣 10g，向渣中加入质量分数为 5％、10％、15％、20％、25％、30％、35％、40％的生物质灰渣，然后置于刚玉坩埚中在1500℃下进行改质处理。将改质后的钢渣取出破碎，筛至 200 目以下，利用制样模具将改质钢渣压制成直径为 3mm、高为 3mm 的圆柱体。

（2）将制好的样品放在刚玉垫片上，待温度升至 1173K 后开始送样，样品先在高温炉端口预热 60s，之后继续送样到达高温炉管的中心位置。

（3）当高温炉内温度升至 1273K 时，电脑自动调整刻度屏的位置，以便清晰记录试样成像时的原始高度，伴随着温度的升高，样品逐渐熔化至原始高度比例的 75％、50％、25％，此时计算机记录的相对应温度分别称为软化温度、半球温度、流动温度，样品的半球温度即为试验测得的熔化温度，不同熔化特性温度对应高度如图 5-1 所示。

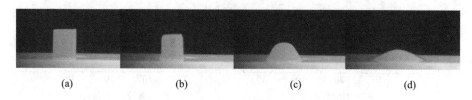

(a)　　　　　　　(b)　　　　　　　(c)　　　　　　　(d)

图 5-1　不同熔化特性温度对应高度

（a）原始高度；（b）软化温度；（c）半球温度；（d）流动温度

5.1.1.4 结果与讨论

1. 添加生物质灰渣对钢渣黏度的影响

玉米秸秆灰添加量对钢渣黏度的影响如图 5-2 所示。由图可知，当钢渣碱度为 1.86 时，渣系黏度随玉米秸秆灰添加量的增大而升高，且在不同温度下，玉米秸秆灰添加量对渣系黏度的影响呈现相同的趋势。当钢渣碱度为 2.36，温度为 1673K 时，随着玉米秸秆灰添加量的增大，渣系黏度呈先降低后升高的趋势。而在其他温度下，随着玉米秸秆灰添加量的增大，渣系黏度均呈升高的趋势。当钢渣碱度为 2.86、3.36，温度为 1673K 及 1723K 时，随着玉米秸秆灰添加量的增加，渣系黏度呈先降低后升高的趋势；但 1673K 时的黏度整体高于 1723K 时的黏度值。通过对比温度和玉米秸秆灰添加量对渣系黏度的影响，可以发现低温下玉米秸秆灰添加量对于熔体黏度的影响要比高温下显著。

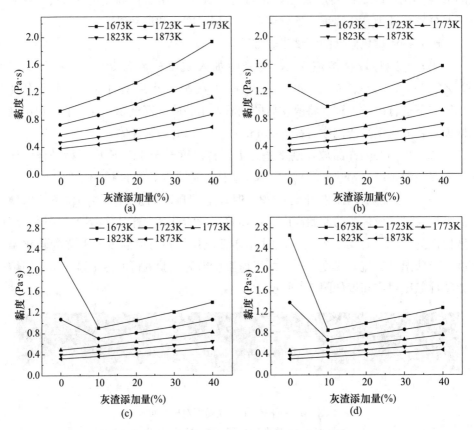

图 5-2　玉米秸秆灰添加量对钢渣黏度的影响
(a) R=1.86；(b) R=2.36；(c) R=2.86；(d) R=3.36

草莓秸秆灰添加量对钢渣黏度的影响如图 5-3 所示。由图可知，当钢渣碱度为 1.86 时，随着草莓秸秆灰添加量的增大，渣系黏度略有升高但变化不明显。当钢渣碱度为 2.36，温度为 1673K 时，渣系黏度呈现先降低后升高的趋势，黏度最低为 0.892Pa·s，此时灰渣添加量为 10%；当温度在 1723～1873K 范围时，黏度略有升高，但变化不大。当钢渣碱度为 2.86，温度为 1673K 时，渣系黏度呈现先降低后升高的趋势，黏度最低为 0.930Pa·s，此时灰渣添加量为 30%；当 $T=1723$K 时，渣系黏度先略有降低后无明显变化；当温度在 1723～1873K 范围内时，渣系黏度随着草莓秸秆灰添加量的升高基本无变化。综上，在低温高碱度的情况下，草莓秸秆灰的添加对钢渣黏度的影响较为显著。

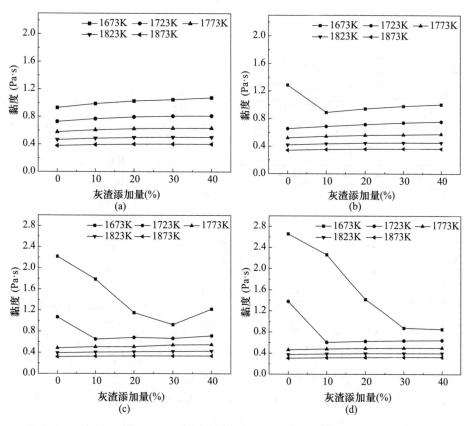

图 5-3 草莓秸秆灰添加量对钢渣黏度的影响

(a) $R=1.86$；(b) $R=2.36$；(c) $R=2.86$；(d) $R=3.36$

大豆秸秆灰添加量对钢渣黏度的影响如图 5-4 所示。由图可知，当温度较低时，大豆秸秆灰添加量对钢渣黏度的影响较为显著；而温度较高时，灰渣添加量对渣系黏度的影响较小。在温度为 1673K，钢渣碱度不同的情况下，随着灰渣添加量的增大，渣系黏度呈现相同的先降低后升高趋势，不同的是黏度出现最小值时，灰渣添加量各不相同。随着碱度的升高，黏度出现最小值时的灰渣添加量逐渐减小。当 $T=1673K$，$R=1.86$ 时，黏度最小值为 0.789Pa·s，此时灰渣添加量为 30%；当 $T=1673K$，$R=2.36$ 时，黏度最小值为 0.805Pa·s，此时灰渣添加量为 20%；当 $T=1673K$，$R=2.86$、3.36 时，黏度最小值分别为 1.432Pa·s 和 1.511Pa·s，此时灰渣添加量均为 10%。

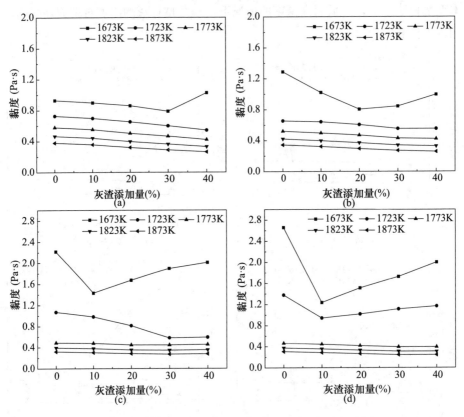

图 5-4　大豆秸秆灰添加量对钢渣黏度的影响
(a) $R=1.86$；(b) $R=2.36$；(c) $R=2.86$；(d) $R=3.36$

综上所述，利用玉米秸秆灰对钢渣进行改质时，随着灰渣添加量的增大，钢渣黏度逐渐升高，当钢渣温度低、碱度高时，钢渣黏度随玉米秸秆灰添加量的升高呈先降后升的趋势。利用草莓秸秆灰进行改质时，在钢渣温度高、碱度低的情况下，草莓秸秆灰对钢渣黏度的影响并不显著。利用大豆秸秆灰进行改质时，随着灰渣添加量的增大，钢渣黏度逐渐降低，当钢渣温度低、碱度高时，钢渣黏度随大豆秸秆灰添加量的升高呈先降后升的趋势。

2. 添加生物质灰渣对钢渣熔化温度的影响

玉米秸秆灰添加量对钢渣熔化温度的影响如图 5-5 所示。由图可知，当 $R=1.86$，灰渣添加量由 0％增大至 10％时，渣系的熔化温度并无明显变化，当灰渣添加量由 10％增大至 15％时，熔化温度由 1692K 升至 1729K，后随灰渣添加量的增大，熔化温度趋于稳定。当 $R=2.36$ 时，随着灰渣添加量的增大，渣系的熔化温度整体低于 $R=1.86$ 渣系的熔化温度，当灰渣添加量由 0％升至 10％时，渣系的熔化温度并无明显变化，当灰渣添加量从 10％升至 20％时，熔化温度从 1668K 降至 1620K，随灰渣添加量的增大，熔化温度略有升高。当 $R=2.86$ 和 $R=3.36$ 时，随着灰渣添加量的增大，渣系的熔化温度整体低于 $R=1.86$ 和 $R=2.36$ 渣系的熔化温度。当 $R=2.86$，灰渣添加量由 0％升至 30％时，熔化温度逐渐降低，最小值为 1568K，此时灰渣添加量为 30％，当灰渣添加量由 30％升高至 40％时，熔化温度略有升高。当 $R=3.36$ 时，随着灰渣添加量的增大，熔化温度逐渐降低。综上所述，当钢渣碱度较低时，添加玉米秸秆灰易使钢渣的熔点升高，而在高碱度钢渣中，添加玉米秸秆灰则可大幅降低其熔点。

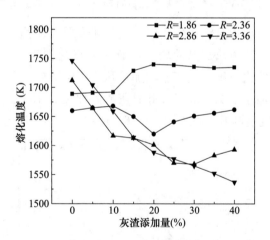

图 5-5　玉米秸秆灰添加量对钢渣熔化温度的影响

草莓秸秆灰添加量对钢渣熔化温度的影响如图 5-6 所示。由图可知，随灰渣添加量的增大，渣系熔化温度先降低后升高，且在不同碱度下，渣系熔化温度随灰渣添加量的增大呈现相同的变化趋势。当 $R=1.86$ 时，随灰渣添加量的增大，渣系熔化温度逐渐降低，当灰渣添加量为 35％时，熔化温度最低，为 1547K，后随灰渣添加量的升高，熔化温度略有升高。当 $R=2.36$ 时，熔化温度最低为 1603K，此时灰渣添加量为 30％。当 $R=2.86$ 时，熔化温度最低为 1663K，此时灰渣添加量为 20%。当 $R=3.36$ 时，熔化温度最低为 1719K，此时灰渣添加量为 10%。综上所述，利用草莓秸秆灰改质熔融钢渣时，灰渣添加量的增大会使钢渣的熔化温度先降低后升高，且钢渣碱度越高，熔化温度最低时对应的灰渣添加量越小。

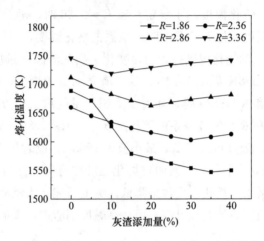

图 5-6 草莓秸秆灰添加量对钢渣熔化温度的影响

大豆秸秆灰添加量对钢渣熔化温度的影响如图 5-7 所示。由图可知，当 $R=1.86$ 时，随着灰渣添加量的增大，渣系的熔化温度整体低于 $R=2.36$、$R=2.86$ 渣系的熔化温度；当灰渣添加量从 0% 升高至 10% 时，渣系的熔化温度逐渐降低，最小值为 1559K，此时灰渣添加量为 10%，后随灰渣添加量的增大，熔化温度逐渐升高。当 $R=2.36$、$R=2.86$ 时，随着灰渣添加量的增

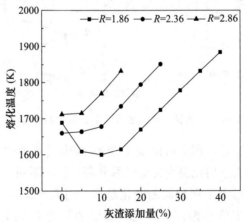

图 5-7 大豆秸秆灰添加量对钢渣熔化温度的影响

大，熔化温度逐渐升高，且碱度越高，灰渣添加量越大，熔化温度越高。综上所述，当利用大豆秸秆灰改质熔融钢渣时，会使钢渣的熔化温度升高且钢渣碱度越高变化越明显。

5.1.2 生物质灰渣改质钢渣过程的热平衡计算

5.1.2.1 计算原理

利用热力学软件 Factsage7.2 计算加入不同添加量生物质灰渣后熔渣的液相线温度，熔渣显热提供生物质灰渣在该添加量下熔化时所吸收的热量，熔渣能够提供的显热为：

$$Q_s = m_s \int_{T_1}^{T_t} C_p dT \tag{5-2}$$

式中　Q_s——熔渣显热，J；

　　　T_t——熔渣排放时的温度，K；

　　　T_1——熔渣与生物质灰渣完全融化时的温度，K；

　　　m_s——熔渣的质量，g；

　　　C_p——熔渣的比热容，J/（kg·K）。

改质过程中生物质灰渣吸收的热量为

$$Q_{en} = \sum n_i \int_{T_i}^{T_1} C_i dT + m_i H_i \tag{5-3}$$

式中　Q_{en}——生物质灰渣吸收的热量，J；

　　　T_i——生物质灰渣的初始温度，K；

　　　n_i——生物质灰渣各组成的物质的量，mol；

　　　C_i——生物质灰渣各组成的摩尔比热容，J/（kg·K）。

通过查阅《实用无机物热力学数据手册》，生物质灰渣各组元的摩尔热容参数见表 5-3，其计算式如下。

$$C_p = A_1 + A_2 10^{-3} T + A_3 10^5 T^{-2} \tag{5-4}$$

表 5-3　生物质灰渣各组元的摩尔热容参数

组元	A_1	A_2	A_3	温度范围（K）
CaO	49.66	4.52	−2.47	298～2888
	62.80	0.00	0.00	

组元	A_1	A_2	A_3	温度范围（K）
SiO₂	43.92	38.81	−3.43	298～847
	58.95	10.05	0.00	847～1696
MgO	48.99	3.14	−4.06	298～3098
Fe₂O₃	98.35	77.87	−5.28	298～953
	150.72	0.00	0.00	953～1053
	132.76	7.37	0.00	1053～1730
Al₂O₃	114.84	12.81	−12.59	298～1800
	106.68	17.79	−10.14	298～1800
	144.95	0.00	0.00	1600～3500
K₂O	72.22	41.87	0.00	298～1154
P₂O₅	70.09	452.17	0.00	298
MnO₂	69.50	10.22	−16.24	298～523
	69.50	10.22	−16.24	523～780

将钢渣各组元的摩尔热容分别换算成质量热容，再根据式（5-5）计算得出钢渣的质量热容为：

$$C_p = \frac{\sum m_i \cdot C_{p,m}}{100} = 1.178 \text{kJ}/（\text{kg} \cdot \text{K}） \tag{5-5}$$

以玉米秸秆灰添加量 5％ 为例，即玉米秸秆灰质量为 5g，由软件 FactSage7.2 计算此时改质熔渣液相线温度为 1699K，将液相线温度代入公式（5-2）可得钢渣显热为：

$$Q_s = m_s \int_{1699}^{1873} 1.178 \text{d}T = 20.5 \text{kJ} \tag{5-6}$$

再根据公式（5-3）即可计算出玉米秸秆灰完全熔化所需的热量。此外，为了便于计算，对本研究作出以下假设，次要因素作近似处理：

（1）熔融钢渣排放时温度为 1873K，且组分均匀、流动性好，生物质灰渣初始温度为 298K。

（2）熔融钢渣熔化生物质灰渣是一个绝热过程，不与外界进行任何热交换，熔渣显热完全用于熔化生物质灰渣。

（3）熔渣熔化生物质灰渣的速率快，不受动力学因素限制，即当熔渣的显热大于生物质灰渣熔化所吸收的热量时，生物质灰渣可完全熔化，熔化后的改质熔渣组分均匀。

（4）熔融钢渣由液相转变为固相的凝固潜热为 202.4kJ/kg，与生物质灰渣的熔解潜热在数值上相等，但符号相反。

（5）熔融钢渣改质过程中化学反应所产生的热量远小于钢渣显热，故反应生成热忽略不计。

5.1.2.2　结果与讨论

1. 生物质灰渣改质对钢渣液相线温度的影响

玉米秸秆灰添加量对钢渣液相线温度的影响规律如图 5-8 所示。由图可知，当玉米秸秆灰掺入钢渣后，其液相线温度开始降低，这主要是因为随着玉米秸秆灰添加量的增大，体系中 CaO、Fe_2O_3 的含量逐渐降低，SiO_2、K_2O 的含量逐渐升高。当玉米秸秆灰添加量较少时，灰渣中的 K_2O 会取代熔渣中的 CaO，与 SiO_2 生成熔点较低的 $K_2O \cdot SiO_2$，使改质熔渣的液相线温度降低。

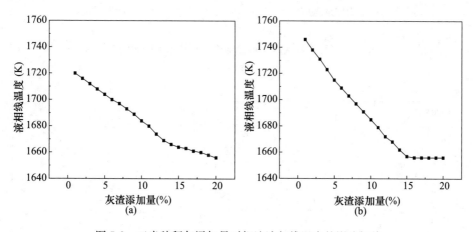

图 5-8　玉米秸秆灰添加量对钢渣液相线温度的影响规律

（a）$R=2.36$；（b）$R=2.86$

草莓秸秆灰添加量对钢渣液相线温度的影响规律如图 5-9 所示。由图可知，当草莓秸秆灰掺入钢渣后，其液相线温度逐渐降低。当 $R=2.86$，灰渣添加量 7% 时，随着灰渣添加量的增加，液相线温度下降幅度变小。当 $R=2.36$，灰渣添加量超过 9% 时，液相线温度随着灰渣添加量的增加无明显变化。这表明当草莓秸秆灰添加到一定程度时，继续添加草莓秸秆灰对液相线温度的影响较小。

大豆秸秆灰添加量对钢渣液相线温度的影响规律如图 5-10 所示。由图可知，当大豆秸秆灰掺入钢渣后，其液相线温度整体呈先降低后升高的趋势。主要原因是大豆秸秆灰的 SiO_2 含量较低，会优先与灰渣中的 K_2O 生成熔点较低的 $K_2O \cdot SiO_2$，使得液相线温度降低；随着灰渣添加量的继续增加，熔渣中的 CaO 会与 SiO_2 会生成熔点较高的 $2CaO \cdot SiO_2$、$3CaO \cdot SiO_2$，导致改质熔渣的液相线温度逐渐升高。

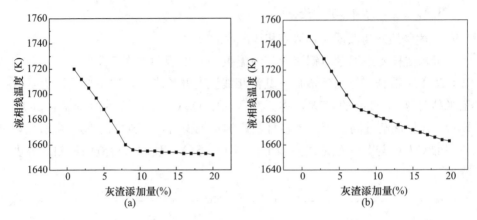

图 5-9　草莓秸秆灰添加量对钢渣液相线温度的影响规律

（a）$R=2.36$；（b）$R=2.86$

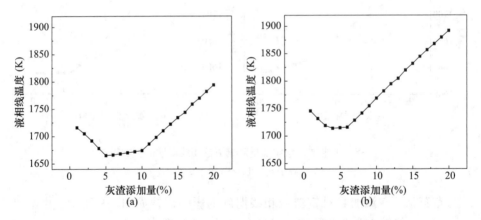

图 5-10　大豆秸秆灰添加量对钢渣液相线温度的影响规律

（a）$R=2.36$；（b）$R=2.86$

2. 生物质灰渣改质对钢渣显热的影响

添加玉米秸秆灰后钢渣显热的影响规律如图 5-11 所示。由图可知，随灰渣添加量的增大，玉米秸秆灰熔化所吸收的热量逐渐升高，改质熔渣显热逐渐减小。当添加量为 15%，熔渣显热小于玉米秸秆灰熔化所吸收的热量，说明熔融钢渣最多只能熔化 14% 的玉米秸秆灰。在不同碱度下，添加玉米秸秆灰后熔渣显热变化规律是相似的。当钢渣碱度为 2.86 时，钢渣显热最多能熔化 15% 的玉米秸秆灰。

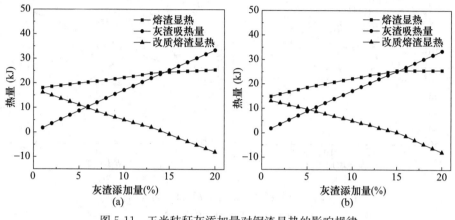

图 5-11 玉米秸秆灰添加量对钢渣显热的影响规律

(a) $R=2.36$；(b) $R=2.86$

添加草莓秸秆灰后对熔渣显热的影响规律如图 5-12 所示。由图可知，当钢渣碱度为 2.36 时，钢渣显热最多能熔化 14% 的草莓秸秆灰，当钢渣碱度为 2.86 时，钢渣显热最多能熔化 13% 的草莓秸秆灰。随着钢渣碱度的升高，钢渣显热逐渐减少，能熔化的灰渣量也随之减小。

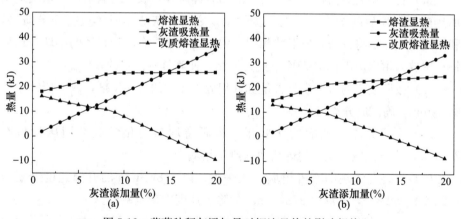

图 5-12 草莓秸秆灰添加量对钢渣显热的影响规律

(a) $R=2.36$；(b) $R=2.86$

添加大豆秸秆灰后对钢渣显热的影响规律如图 5-13 所示。由图可知，当钢渣碱度为 2.36 时，钢渣显热最多能熔化 12% 的大豆秸秆灰，当钢渣碱度为

2.86时，钢渣显热最多能熔化8%的大豆秸秆灰。

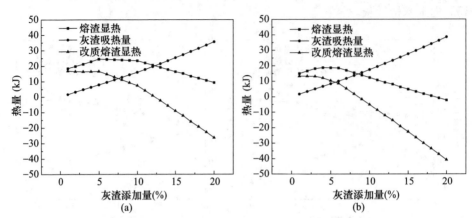

图 5-13　大豆秸秆灰添加量对钢渣显热的影响规律

(a) $R=2.36$；(b) $R=2.86$

5.1.3　生物质灰渣在钢渣中的熔解行为研究

5.1.3.1　试验方法

试验原料与5.1.1.1小节中相同，具体的试验步骤如下。

（1）首先将大豆秸秆燃烧后的灰渣用研钵研碎，放入坩埚中，在坩埚炉中加热至1273K后随炉冷却，进一步除杂。之后将灰渣用研钵进行充分研磨，利用圆盘造球机将灰渣制成形状相似、大小均匀、具有一定直径的小球，最后将小球放入坩埚炉内在1073K下进行烧结，使其具有一定的硬度。

（2）按照设定的渣系成分含量称取相应干燥后的化学试剂，放入研钵中研磨30min，确保成分均匀。

（3）为了提高渣剂的熔化效果，将研磨均匀的化学试剂用压片机在20MPa压力下压成块状，粉碎后放入刚玉坩埚中。

（4）将装有渣块的刚玉坩埚放入炉内，以278K/min的升温速度升温至1723K并保温1h，然后以278K/min的降温速度冷却至室温。

（5）高温试验前，将预熔渣样放入坩埚中置于炉内，设定坩埚炉升温速率为278K/min，待温度升至试验温度后进行保温1h，此时将生物质灰渣球投入坩埚内并计时，计时时间设定为10s、20s、30s和40s，计时结束后立即取出坩埚并通过急冷的方式降温至室温。

（6）坩埚取出后，设定炉子降温速率为277～278K/min，使炉体自然冷却，高温试验结束。

（7）对试验后渣样进行破碎分离后，经粗磨、细磨及抛光后，放入盛有酒精的烧杯中，用超声波清洗机反复清洗，干燥后使用。利用扫描电镜和 EDS 能谱仪对渣样微观结构进行检测。

5.1.3.2 结果与讨论

1. 熔渣温度对生物质灰渣熔解行为的影响

生物质灰渣球在碱度 2.36、不同温度钢渣中的熔解演变过程如图 5-14 所

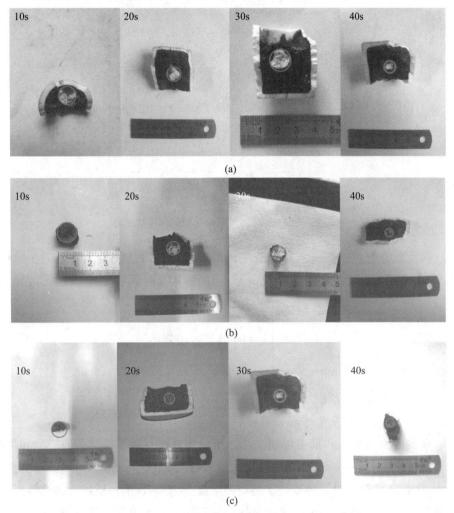

(a)

(b)

(c)

图 5-14 温度对生物质灰渣球熔解行为的影响

(a) 1673K；(b) 1723K；(c) 1773K

示。图中黑色部分为钢渣，灰白色部分为未熔解的生物质灰渣球。在熔解过程中，生物质灰渣球保持原有的形状不变，而生物质灰渣球的半径随着其向熔渣中的扩散而逐渐减小。通过测量可知，当溶解时间为10s时，未溶解的生物质灰渣球的半径为12mm；熔解40s后，半径缩小为8mm。1673～1773K时未熔解灰渣球半径随时间的变化规律如图5-15所示。随着熔解时间的增加，灰渣球半径逐渐减小且温度越高，熔解得越快。

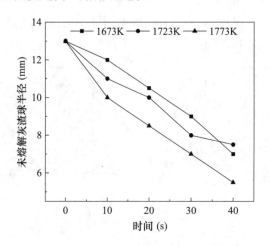

图 5-15　未熔解灰渣球半径随时间的变化规律

为定量评价生物质灰渣球在渣中的熔解速率，通过测量未熔解的生物质灰渣球尺寸，计算出了生物质灰渣球在熔渣中的熔解转化率 X，见计算式(5-7)。

$$X=\left[1-\left(\frac{r_i}{r_0}\right)^3\right]\times 100\%\qquad(5-7)$$

式中　X——生物质灰渣球在渣中的熔解转化率，%；

　　　r_0——生物质灰渣球的初始半径，mm；

　　　r_i——生物质灰渣球部分熔解后的半径，mm。

在碱度为2.36、不同温度熔渣中，生物质灰渣球的熔解转化率 X 随时间的变化规律如图5-16所示。由图可知，1773K 时生物质灰渣球的熔解转化率较 1673K 和 1723K 时明显变快，熔渣温度提升 100K，生物质灰渣的熔解速率可提升 1.32～2.55 倍。因此可通过尽快升温的方式使生物质灰渣快速分解。

2. 熔渣碱度对生物质灰渣熔解行为的影响

生物质灰渣球在碱度为 2.86、1723K 熔渣中的熔解演变过程如图 5-17 所示。生物质灰渣球在碱度为 2.36 和 2.86 的钢渣中熔解情况基本一致，但在碱度为 2.36 的熔渣中熔解更迅速，相同熔解时间内生物质灰渣球半径减小更明显。生物质灰渣球在不同碱度熔渣的熔解转化率如图 5-18 所示。由图可知，生物质灰渣球在不同碱度钢渣中的熔解转化率随时间延长均呈递增的趋势，随着碱度的降低，生物质灰渣的熔解速率变快。

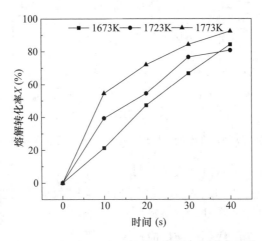

图 5-16　灰渣球的熔解转化率随时间的变化规律

图 5-17　1723K 时，生物质灰渣球在碱度为 2.86 熔渣中的熔解演变过程

5.1.4　生物质灰渣在钢渣中的熔解动力学研究

5.1.4.1　动力学模型的建立

生物质灰渣熔解至钢渣中主要分为两个步骤：生物质灰渣在灰渣球表面与钢渣界面上发生熔解反应，（K_2O）由灰渣表面向熔渣中扩散。首先对模型进行如下假设：

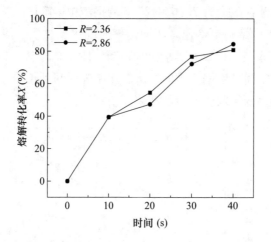

图 5-18　生物质灰渣球在不同碱度熔渣中的熔解转换率 X 随时间的变化规律

（1）加入的生物质灰渣球直径相同；

（2）熔解反应在生物质灰渣球表面进行，随着反应的发生，该反应界面不断向生物质灰渣球中心移动，直至消失；

（3）熔解反应为一级不可逆反应；

（4）随着熔解反应的发生，生物质灰渣球形状维持不变，尺寸不断缩小；

（5）在任意短时间内，可以把熔解过程看成是稳态的。

通过式（5-8）和式（5-9）将实际加入的生物质灰渣量换算成生物质灰渣中含有 13mmK$_2$O 球的个数：

$$m_{K_2O} = \frac{4}{3} \pi r_0{}^3 \rho'_{K_2O} N_{K_2O} \tag{5-8}$$

$$N_{K_2O} = \frac{3m_{K_2O}}{4\pi r_0{}^3 \rho'_{K_2O}} \tag{5-9}$$

式中　m_{K_2O}——生物质灰渣中 K$_2$O 的总质量，g；

r_0——K$_2$O 球的初始半径，m；

ρ'_{K_2O}——K$_2$O 球的密度，g/m^3。

随着反应的发生，生物质灰渣中的 K$_2$O 组分经熔解过程扩散至渣中，此过程中灰渣球半径不断减小直至消失。

5.1.4.2　K$_2$O 的熔解反应

生物质灰渣球发生熔解时，在生物质灰渣球表面会发生如下的化学反应：

$$K_2O\ (s) \Longrightarrow (K_2O) \tag{5-10}$$

根据假设生物质灰渣的熔解反应是不可逆的，又因其生成（K$_2$O），故生物质灰渣球的熔解反应速率以（K_2O）的生成浓度进行描述，则有：

$$J = \frac{dC^i_{K_2O}}{dt} \tag{5-11}$$

因此可以得到单位时间单位面积产生的（K_2O）的物质流 J_1（mol/s）：

$$J_1 = 4\pi r_i^2 k_r (C^*_{K_2O} - C^i_{K_2O}) \tag{5-12}$$

式中　k_r——溶解反应速率常数，m/s；

$C^i_{K_2O}$——（K_2O）在生物质灰渣球表面的浓度，mol/m^3；

$C^*_{K_2O}$——（K_2O）在熔渣中达到饱和溶解度时的浓度，mol/m^3。

利用热力学软件 FactSage 计算得出，当 $R=2.36$，$T=1673\sim1773K$ 范围内时，K_2O 在熔渣中的饱和浓度 $C^*_{K_2O}=54\%\sim77\%$；当 $R=2.86$，$T=1673\sim1773K$ 范围内时，K_2O 在熔渣中的饱和浓度 $C^*_{K_2O}=51\%\sim67\%$。

5.1.4.3　（K_2O）从生物质灰渣球表面向钢渣的扩散传质

（K_2O）相从生物质灰渣球表面扩散到渣中，则扩散速率方程有：

$$J = -\frac{dn_{K_2O}}{dt} \tag{5-13}$$

此时，该条件下的物质流 J_2（mol/s）表示为：

$$J_2 = 4\pi r_i^2 k_s (C^i_{K_2O} - C^b_{K_2O}) \tag{5-14}$$

式中　k_s——（K_2O）在球表面与钢渣之间的扩散传质系数，m/s；

$C^b_{K_2O}$——钢渣中（K_2O）的摩尔浓度，mol/m^3。

由于两个步骤在熔解过程中连续发生，所以在拟稳态条件下，可以认为两步骤具有相同的速度。生物质灰渣球在单位时间内单位面积上产生的（K_2O）物质流 J_1 与（K_2O）从生物质灰渣球表面扩散至渣中的物质流 J_2 相等。以 J 表示总熔解反应速率则有：

$$J = J_1 = J_2 \tag{5-15}$$

联立式（5-12）和式（5-14）得：

$$\begin{cases} \dfrac{J_1}{4\pi r_i^2 k_s} = C^*_{K_2O} - C^i_{K_2O} \\ \dfrac{J_2}{4\pi r_i^2 k_s} = C^i_{K_2O} - C^b_{K_2O} \end{cases} \tag{5-16}$$

对上式消去（K_2O）在生物质灰渣球表面处的浓度 $C^i_{K_2O}$，可以得到：

$$J = 4\pi r_i^2 \frac{C^*_{K_2O} - C^b_{K_2O}}{\frac{1}{k_r} + \frac{1}{k_s}} \tag{5-17}$$

生物质灰渣球消耗的综合反应速率如下：

$$J = -J_{K_2O} = -\frac{dn_{Al_2O_3}}{dt} = -4\pi r_i{}^2 \rho_{K_2O} \frac{dr_i}{dt} \tag{5-18}$$

式中　ρ_{K_2O}——生物质灰渣球的摩尔密度，mol/m^3。

联立式（5-17）和式（5-18）得：

$$-\frac{dr_i}{dt} = \frac{1}{\rho_{K_2O}} \frac{C^*{}_{K_2O} - C^b{}_{K_2O}}{\dfrac{1}{k_r} + \dfrac{1}{k_s}} \tag{5-19}$$

生物质灰渣球的熔解转化率为 X，其计算公式为：

$$X = 1 - \left(\frac{r_i}{r_0}\right)^3 \tag{5-20}$$

再对时间 t 进行微分得：

$$\frac{dX}{dt} = -3\frac{r_i{}^2}{r_0{}^3}\frac{dr_i}{dt} \tag{5-21}$$

因此，根据式（5-19）能得到两个基本步骤控制过程时转化率 X 与熔解时间的线性关系，从而可以分析得到生物质灰渣中 K_2O 组元在熔融钢渣中溶解动力学的限制性环节。

若生物质灰渣的熔解反应为限制性环节，式（5-19）可写为：

$$-\frac{dr_i}{dt} = \frac{k_r}{\rho_{K_2O}}(C^*{}_{K_2O} - C^b{}_{K_2O}) \tag{5-22}$$

将式（5-21）代入式（5-22）中可得：

$$\frac{dX}{dt} = \frac{3k_r (C^*{}_{K_2O} - C^b{}_{K_2O})}{r_0 \rho_{K_2O}}(1-X)^{2/3} \tag{5-23}$$

对上式积分可得：

$$1 - (1-X)^{1/3} = \frac{k_r (C^*{}_{K_2O} - C^b{}_{K_2O})}{r_0 \rho_{K_2O}}t \tag{5-24}$$

即 $1 - (1-X)^{1/3}$ 与熔解时间 t 呈线性关系。进而可以得到 t 与转化率 $1 - (1-X)^{1/3}$ 之间的图像。

若（K_2O）从生物质灰渣球表面向熔渣的扩散传质为限制性环节，则有：

$$-\frac{dr_i}{dt} = \frac{k_s}{\rho_{K_2O}}(C^*{}_{K_2O} - C^b{}_{K_2O}) \tag{5-25}$$

式中 k_s 受多种因素的影响，一般用经验公式计算。

由于小球在熔渣中下降的速度很小，因此在缩核模型中可将 $k_s = D/r$ 代入式（5-25）中得：

$$\frac{\mathrm{d}X}{\mathrm{d}t}=\frac{3D_{K_2O}\ (C^*_{K_2O}-C^b_{K_2O})}{r_0\rho_{K_2O}}(1-X)^{1/3} \tag{5-26}$$

由生物质灰渣球的初始直径为 r_0，对上式在 $t=0$，$X=0$ 的初始条件下积分，有：

$$1-(1-X)^{2/3}=\frac{2D_{K_2O}\ (C^*_{K_2O}-C^b_{K_2O})}{r_0^2\rho_{K_2O}}t \tag{5-27}$$

式中　D_{K_2O}——（K_2O）向熔渣中扩散传质系数，m^2/s。

由公式（5-27）可知，$1-(1-X)^{2/3}$ 与时间 t 呈线性关系，进而可以得到 $1-(1-X)^{2/3}$ 与时间 t 之间的图像。

5.1.4.4　生物质灰渣在钢渣中熔解限制性环节的分析

由式（5-24）和式（5-27）可知，当（K_2O）的熔解反应和扩散传质分别为限制性环节时，$1-(1-X)^{1/3}$、$1-(1-X)^{2/3}$ 与熔解时间均呈线性关系。因此，可以通过二者之间线性关系的强弱来判断熔解过程的限制性环节。由于不同熔渣温度对生物质灰渣球的熔解速率有很明显的影响，因此需要分别讨论不同温度下生物质灰渣球溶解的限制性环节。

熔渣碱度为 2.36 时，不同熔渣温度下 $1-(1-X)^{1/3}$ 和 $1-(1-X)^{2/3}$ 随熔解时间 t 的变化规律分别如图 5-19 和图 5-20 所示。不同温度下的表观反应速率常数 k 和线性拟合度 R^2 见表 5-4。

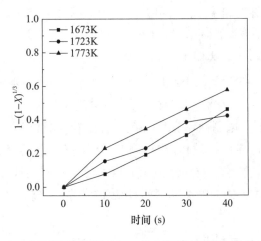

图 5-19　不同熔渣温度下 $1-(1-X)^{1/3}$ 与时间 t 的关系图

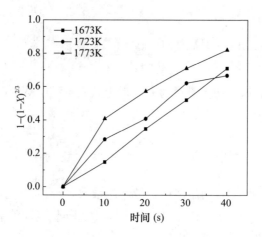

图 5-20　不同熔渣温度下 $1-(1-X)^{2/3}$ 与时间 t 的关系图

表 5-4　不同温度下的表观反应速率常数 k 和线性拟合度 R^2

	温度（K）	k	R^2
$1-(1-X)^{1/3}$	1673	0.01077	0.9905
	1723	0.01154	0.9862
	1773	0.0153	0.9845
$1-(1-X)^{2/3}$	1673	0.01749	0.9988
	1723	0.01878	0.9759
	1773	0.0232	0.9592

　　由图 5-19、图 5-20 和表 5-4 可知：在 1673K 下，当界面化学反应和边界层扩散传质分别是限制性环节时，$1-(1-X)^{1/3}$、$1-(1-X)^{2/3}$ 与溶解时间 t 的 R^2 都在 0.99 以上，表明 $1-(1-X)^{1/3}$、$1-(1-X)^{2/3}$ 与溶解时间 t 均有较强的线性关系。在 1723K 下，$1-(1-X)^{1/3}$ 与熔解时间 t 的拟合方差 $R^2＝0.9862$ 高于 $1-(1-X)^{2/3}$ 与熔解时间 t 的拟合方差 $R^2＝0.9759$。相比之下，当边界层扩散传质为限制性环节时，函数与熔解时间具有更强的线性关系，说明在 1723K 时，边界层扩散传质是影响生物质灰渣组元溶解的限制性环节。同理在 1773K 时，影响生物质灰渣组元熔解速率的限制性环节为边界层扩散传质。从表 5-4 中数据可以得出，随着温度的升高，表观反应速率常数 k 也有所增加。

　　根据 Arrhenius 方程得

$$\ln k＝-E_a/RT+\ln k_0 \tag{5-28}$$

式中　E_a——反应活化能，kJ/mol；

　　　R——摩尔气体常数；

　　　k_0——指前因子（也称频率因子）。

以 $\ln k$ 为纵坐标，$1/T$ 为横坐标作图，可以求出化学反应的活化能 E_a，如图 5-21 所示，计算得出生物质灰渣溶解过程的活化能 $E_a=60.83$kJ/mol。参考相关文献，当 $E_a<150$kJ/mol 时，为扩散传质控制，否则为界面化学反应控制。对于生物质灰渣反应而言，从活化能的角度，判定扩散传质为限制性环节。

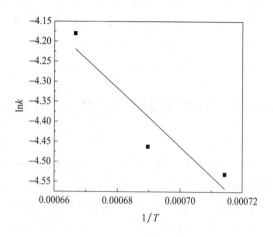

图 5-21　$\ln k$ 与 $1/T$ 的关系

5.2　生物质灰渣改质对钢渣中含磷固溶体生成的影响

为了掌握生物质灰渣对钢渣中含磷固溶体的影响规律，本节利用玉米秸秆灰渣对钢渣进行了改质处理，对改质过程各物相的变化规律进行了分析。

5.2.1　生物质灰渣改质钢渣的试验方法

5.2.1.1　试验原料

钢渣选取表 5-1 中碱度为 1.86 的渣样，选取玉米秸秆灰渣为改质剂，其成分与表 5-2 中的相同。

5.2.1.2 试验过程

首先对生物质灰渣进行预处理，在实验室将玉米秸秆引燃后，搅拌助燃10min，使其充分燃烧，经冷却后粗制成生物质灰渣。再将生物质灰渣装入氧化镁坩埚中，放进坩埚炉升温至1173K保温1h，随炉冷却至室温后取出。将生物质灰渣和钢渣按比例混合（生物质灰渣的添加比例为10%、15%、20%、25%），再充分振荡均匀，制成混合渣样。最后将混合渣样装入氧化镁坩埚中，再外套一个石墨坩埚，置于SJF1700升降炉内，先升温至1823K保温1h以形成均匀的液相，再降温至1623K，并在此温度下保持20min，最后在1323K下将渣样从炉中取出，冷却至室温。利用扫描电子显微镜（SEM）及附带电子探针能谱分析仪（EDS）对其物相组成、微观形貌及物相成分进行分析，利用X射线衍射仪（XRD）对钢渣的物相种类进行分析。

5.2.2 玉米秸秆灰渣改质钢渣对含磷固溶体生成的影响

玉米秸秆灰渣改质钢渣后的XRD图谱如图5-22所示。由图可知，改质钢渣中主要含有 $2CaO \cdot SiO_2$-$3CaO \cdot P_2O_5$、Fe_2O_3、MgO-FeO、$Ca_2Fe_2O_5$，相比于未改质钢渣，改质后钢渣中出现了 $2CaO \cdot SiO_2$-$3CaO \cdot K_2O \cdot P_2O_5$ 相，说明在 K_2O 的改性作用下，一部分 $2CaO \cdot SiO_2$-$3CaO \cdot P_2O_5$ 的晶型发生改变。此外，随着玉米秸秆灰渣含量的增加，$2CaO \cdot SiO_2$-$3CaO \cdot P_2O_5$ 的衍射峰逐渐减少，$2CaO \cdot$

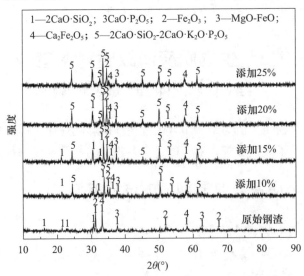

图 5-22 玉米秸秆灰渣改质后钢渣的 XRD 图谱

SiO_2-$3CaO \cdot K_2O \cdot P_2O_5$ 的衍射峰逐渐增多；当大豆灰渣加入量增加至 25％时，$2CaO \cdot SiO_2$-$3CaO \cdot P_2O_5$ 的晶型完全改变，杂峰减少。

钢渣改质前后的物相形貌特征图 5-23，各物相的元素含量见表 5-5。结合表 5-5 的成分分析结果，图 5-23 中主要发现 3 个物相，分别是白色的铁镁相、灰色的基体相以及黑色的含磷固溶体相。在未改质的原始渣样中，铁镁相区域较大、形状规则且致密。加入玉米秸秆灰渣改质后，铁镁相的生成区域形状松散，固溶体侵蚀基体相。改质后基体相和含磷固溶体中含均有 K_2O，且含磷固溶体中 K_2O 的含量高于基体相中 K_2O 的含量。K_2O 进入含磷固溶体后主要以 $2K_2O \cdot CaO \cdot P_2O_5$ 的形式存在，在钢渣冷却后以 $2CaO \cdot SiO_2$-$2K_2O \cdot CaO \cdot$

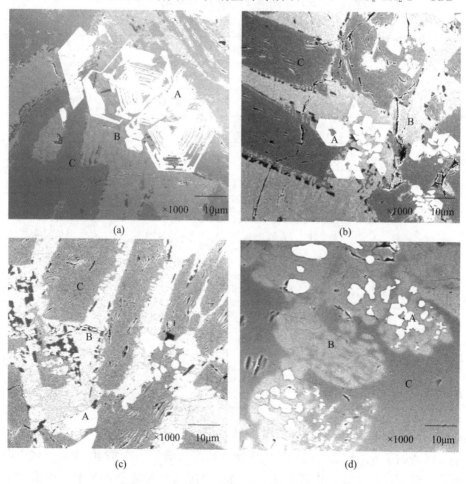

图 5-23　玉米秸秆灰渣改质钢渣后的 SEM 图

（a）添加 10％；（b）添加 15％；（c）添加 20％；（d）添加 25％

P_2O_5形式存在。随着玉米灰渣含量的增加，基体相和固溶体中的K_2O含量逐渐升高，基体相中部分P_2O_5迁移到固溶体中，但由于固溶体区域的逐渐增大，固溶体中的P_2O_5含量呈下降趋势。利用表5-1和表5-5的数据对钢渣中各物相的质量分数进行了计算，各物相的质量分数可通过下面两个等式进行计算：

$$N_{MO_n} = \alpha N^{\alpha}_{MO_n} + \beta N^{\beta}_{MO_n} + \gamma N^{\gamma}_{MO_n} \tag{5-29}$$

$$\alpha + \beta + \gamma = 1 \tag{5-30}$$

式中　　　　　α、β和γ——镁铁相、基体相和固溶体的质量分数，%；

N_{MO_n}——钢渣中MO_n的含量，%；

$\alpha N^{\alpha}_{MO_n}$（$\beta N^{\beta}_{MO_n}$、$\gamma N^{\gamma}_{MO_n}$）——α（β、γ）相中MO_n的含量，%。

表 5-5　图 5-23 中不同位置的能谱分析结果

改质渣样		钢渣的物相组成（%）						物相
		CaO	SiO₂	Fe₂O₃	P₂O₅	MgO	K₂O	
添加 10%	A	1.69	2.78	85.86	0.57	8.93	0.17	镁铁相
	B	29.31	42.98	15.59	3.15	1.95	6.08	基质相
	C	50.87	19.25	0.38	24.13	1.82	3.55	含磷固溶体
添加 15%	A	2.02	2.63	84.51	0.86	9.65	0.33	镁铁相
	B	25.52	42.83	15.58	3.02	2.80	8.77	基质相
	C	53.21	17.35	0.35	21.08	1.99	6.02	含磷固溶体
添加 20%	A	2.53	2.40	82.33	1.01	11.23	0.50	镁铁相
	B	21.32	44.05	16.13	1.63	3.66	12.04	基质相
	C	54.14	14.89	0.33	19.68	1.98	8.98	含磷固溶体
添加 25%	A	2.80	2.30	80.50	1.40	12.20	0.80	镁铁相
	B	15.91	46.11	17.10	0.82	4.98	12.12	质相
	C	54.94	12.46	0.29	17.59	2.01	12.71	含磷固溶体

不同钢渣中各相质量分数计算结果如图 5-24 所示。由图可知，随着玉米秸秆灰渣的加入，钢渣中固溶体的质量分数逐渐增大，基体相的质量分数逐渐减小，镁铁相的质量分数基本不变；当玉米灰渣加入量为 20% 时，固溶体的质量分数从 22.3% 升高到 57.41%；改质后，固溶体质量分数的增加使固溶体中 P_2O_5 的浓度降低，即含量降低。

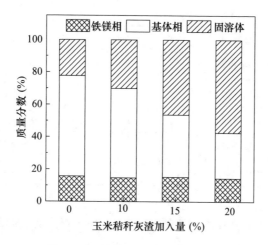

图 5-24 不同钢渣中各相质量分数

5.3 生物质灰渣改质对钢渣中的磷等元素浸出的影响

为了探究生物质灰渣改质钢渣对磷等元素浸出的影响，本节又利用混合酸对改质钢渣中的磷进行了浸出研究。

5.3.1 试验方法

5.3.1.1 试验原料

选取 5.2 节中玉米秸秆灰渣改质后的钢渣为原料。

5.3.1.2 试验过程

由第 4 章可知，硫酸与柠檬酸混合酸作浸出剂时，铁的浸出率较大，盐酸＋柠檬酸混合溶液与硝酸＋柠檬酸混合溶液的浸出效果相似，因此本节试验所用混合酸组合为硝酸＋柠檬酸，试验参数见表 5-6，具体试验操作见 4.1.1 小节。

表 5-6 改质钢渣浸出试验参数

浸出参数	数值
混合酸种类及浓度	0.03mol/L 硝酸＋0.0026mol/L 柠檬酸

浸出参数	数值
钢渣平均粒度（μm）	65
反应温度（K）	298
反应时间（min）	0.5、5、10、30、60
搅拌速率（r/min）	800
液固比	80 : 1

5.3.2　混合酸浸出改质钢渣中磷等元素的结果

改质前后钢渣中磷、铁元素浸出率的变化规律如图 5-25 所示。由图可知，随着玉米秸秆灰渣添加量的增加，磷浸出率逐渐升高；当玉米秸秆灰渣添加量为 20％时，磷浸出率大约提高了 20％，说明改质后形成的 $2CaO \cdot SiO_2\text{-}2K_2O \cdot CaO \cdot P_2O_5$ 固溶体更容易被酸溶液溶解；钢渣中铁的浸出率变化不明显。

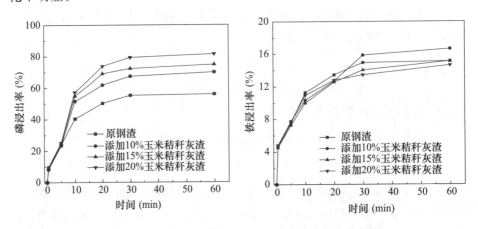

图 5-25　改质前后钢渣中磷、铁元素浸出率的变化规律

当浸出时间为 60min 时，各种元素浸出率的变化如图 5-26 所示。由图可知，随着玉米灰渣的加入，除了铁元素之外，其他元素的浸出率均有不同程度的提高；当玉米秸秆灰渣的加入量为 20％时，相比较未改质的钢渣，磷浸出率提高了 20％左右，钙浸出率提高了 40％左右，硅浸出率提高了 30％左右，钾提高了 25％左右，铁、镁浸出率变化不大。

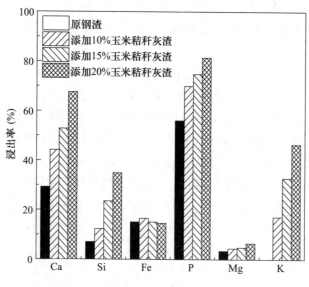

图 5-26 改质前后钢渣中各元素的浸出率

5.4 本章小结

本章研究了不同条件下添加生物质灰渣对钢渣黏度及熔点的影响规律，分析了改质过程中钢渣显热熔解生物质灰渣的能力，研究了生物质灰渣在钢渣中的熔解动力学，利用玉米灰渣对钢渣进行了改质处理，分析了改质处理对钢渣中含磷固溶体生成及磷浸出的影响，得出以下结论。

（1）利用玉米秸秆灰进行改质时，随着灰渣添加量的增大，钢渣黏度总体上呈升高的趋势，但当钢渣温度低、碱度高时，钢渣黏度呈先降后升的趋势。利用草莓秸秆灰进行改质时，在钢渣温度高、碱度低的情况下，草莓秸秆灰对钢渣黏度的影响并不显著。利用大豆秸秆灰进行改质时，钢渣黏度随着灰渣添加量的增大而逐渐减小，当钢渣温度低、碱度高时，钢渣黏度则呈先降后升的趋势。

（2）利用玉米秸秆灰进行改质时，会使钢渣的熔化温度降低，且钢渣碱度越高变化越明显；利用草莓秸秆灰进行改质时，会使钢渣的熔化温度降低，后又随之升高，且钢渣碱度越高，熔化温度最低时的灰渣添加量越小；利用大豆秸秆灰进行改质时，会使钢渣熔化温度升高，且钢渣碱度越高变化越明显。

（3）生物质灰渣的溶解转化率随温度的升高而增大，1773K 条件下生物质灰渣的溶解转化率是 1673K 时的 1.32～2.55 倍。生物质灰渣的溶解速度随着碱度的降低而增大。在相同溶解时间下，碱度降低，生物质灰渣球的溶解转化率明显提高。

（4）生物质灰渣球在不同温度和碱度条件下的溶解反应主要受到边界层扩散传质控制，生物质灰渣溶解反应的活化能为 60.83kJ/mol。

（5）随着玉米灰渣的加入，磷在钢渣中的存在形式由 $2CaO \cdot SiO_2$-$3CaO \cdot P_2O_5$ 转变为 $2CaO \cdot SiO_2$-$2K_2O \cdot CaO \cdot P_2O_5$；含磷固溶体的区域扩大，固溶体的质量分数从 22.3％增加到 57.41％；改质后的固溶体由于晶型的改变更容易被破坏，提高了 Ca、Si 和 P 的溶解率，玉米灰渣改质对镁铁相的作用不大；当玉米灰渣的加入量为 20％时，在混合酸溶液中，比改质前钢渣的磷浸出率提高了 22.41％。

6 总结及展望

我国每年产生大量钢渣，不仅污染环境，而且也造成了资源的浪费，磷是限制钢渣返回冶金过程再利用的关键元素，将其提取不仅能促进其他化合物的循环利用，还可实现磷资源在农业方面的高附加值利用。本书围绕钢渣多元体系的热力学相图、磷在单酸及混合酸中的浸出行为、生物质灰渣改质钢渣对含磷固溶体生成及磷浸出影响等方面的研究进行了介绍，取得以下主要结论。

（1）通过对钢渣多元体系的热力学相图研究可知，当温度超过 1673K 后，含磷固溶体的析晶区随温度的变化不大；钢渣中氧化镁含量应低于 4%，才有利于含磷固溶体的生成；氧化锰及氧化铝含量的变化对含磷固溶体析晶区的影响不明显；氧化钾含量的升高会导致 $L+Ca_5P_2SiO_{12}$ 析晶区逐渐缩小。

（2）随着溶液 pH 的减小，含磷相溶解达到平衡状态时磷的浓度逐渐升高；温度变化对含磷相的解离影响不大；在无机和有机单酸溶液中，酸浓度、液固比以及钢渣平均粒径对磷、铁浸出率的影响较大；温度变化对铁浸出率的影响较大。

（3）在盐酸与柠檬酸、硝酸与柠檬酸的混合酸中，随着无机酸浓度或柠檬酸浓度的升高，磷浸出率增长幅度较大，铁浸出率增长幅度较小；磷浸出率受有机酸影响较大，铁浸出率受无机影响较大；在硫酸与柠檬酸混合浸出钢渣的试验中，硫酸单独浸出时，铁浸出率高于磷浸出率，随着柠檬酸的加入，磷浸出率大幅升高，铁浸出率缓慢升高。

（4）混合酸浸出时，有机酸选择性破坏了 C_2S-C_3P 固溶体的结构，为无机酸浸出磷元素创造了一个良好的条件，有机阴离子可与 Ca^{2+} 络合，阻止磷酸钙沉淀的形成，被浸出的 Fe^{3+} 可以通过羧基的络合吸附作用回到沉淀中，降低了溶液中 Fe^{3+} 的浓度。

（5）除大豆秸秆灰渣外，随着草莓秸秆和玉米秸秆灰渣添加量的增大，钢渣黏度总体上呈升高的趋势，但当钢渣温度低、碱度高时，钢渣黏度呈先降后升的趋势。利用玉米秸秆和草莓灰渣进行改质时，会使钢渣的熔化温度降低，且钢渣碱度越高变化越明显，利用大豆秸秆灰进行改质时，会使钢渣熔化温度升高。

（6）随着生物质灰渣的加入，磷在钢渣中的存在形式由 $2CaO \cdot SiO_2 - 3CaO \cdot P_2O_5$ 转变为 $2CaO \cdot SiO_2 - 2K_2O \cdot CaO \cdot P_2O_5$；含磷固溶体的区域扩大，改质后的固溶体由于晶型的改变更容易被破坏，提高了 Ca、Si 和 P 的溶解率。

综上，通过研究钢渣的热力学性质、磷在单酸及混合酸中的浸出行为、生物质灰渣改质处理钢渣对磷浸出的影响，揭示了钢渣及溶液性质在磷浸出过程的作用机理，掌握了磷提取的相关技术，可大幅降低处理成本，也为后续浸出液及尾渣的循环利用创造了有利条件。浸出钢渣后的溶液中含 Ca、P、Fe、Mg 等元素，如何循环利用这些有价资源，同时不对环境造成污染是未来需要研究的一个方面。另外，除磷后的尾渣中富含 Fe、Si 元素，其在返回冶金过程再利用时的性能还需要进行研究评价。

参考文献

［1］陈宗武．钢渣理化特性及其沥青混凝土性能研究［D］．武汉：武汉理工大学，2017．

［2］廖杰龙．两种工艺处理的钢渣特性研究及其循环利用分析［D］．西安：西安建筑科技大学，2014．

［3］张朝晖，李林波，韦武强，等．冶金资源综合利用［M］．北京：冶金工业出版社，2011．

［4］张立峰，朱苗勇．炼钢学［M］．北京：高等教育出版社，2023．

［5］彭犇．热态钢渣改性及改性渣物理化学性质研究［D］．北京：北京科技大学，2016．

［6］李光强，朱诚意．钢铁冶金的环保与节能［M］．北京：冶金工业出版社，2010．

［7］孙玉．宝钢钢渣磁选尾矿脱磷清洁生产新工艺的研究［D］．马鞍山：安徽工业大学，2015．

［8］俞海明，王强．钢渣处理与综合利用［M］．北京：冶金工业出版社，2015．

［9］张鉴．熔体热力学计算手册［M］．北京：冶金工业出版社，2007．

［10］张鉴．关于炉渣结构的共存理论［J］．北京钢铁学院学报，1984，6（1）：21-29．

［11］李发美．分析化学［M］．5版．北京：人民卫生出版社，2003．

［12］李华昌，符斌．实用化学手册［M］．北京：化学工业出版社，2007．

［13］叶大伦．实用无机物热力学数据手册［M］．北京：冶金工业出版社，1981．

［14］车荫昌．无机物热力学数据手册［M］．沈阳：东北大学出版社，1993．

［15］关放，高瑞霞．多元弱酸氢离子浓度计算条件的比较［J］．化学教育（中英文），2018，39（12）：78-81．

［16］吴宏海，胡勇有，黎淑平．有机酸与矿物间界面作用研究评述［J］．岩石矿物学杂志，2001，20（4）：399-404．

［17］刘剑玉，李国学，任丽梅，等．两种低分子量有机酸对磷酸铵镁溶解的影响［J］．土壤通报，2009，（4）：855-859．

［18］李光强，张峰，张力，等．高温碳热还原进行转炉渣资源化的研究［J］．材料与冶金学报，2003，2（3）：167-172．

［19］项利．流动氮气条件下熔渣气化脱磷的热力学与动力学基础研究［D］．唐山：河北理工大学，2005．

［20］MORITA K，GUO M，OKA N，et al. Resurrection of the iron and phosphorous resource in steel-making slag［J］. Journai of Material Cycle and Waste Management，2002，（4）：93-101．

[21] 贾俊荣，艾立群. 微波加热场中钢渣的还原脱磷行为 [J]. 钢铁，2012，47（8）：70-73.

[22] 艾立群，周朝刚，吕岩，等. 微波加热钢渣脱磷的升温特性 [J]. 钢铁钒钛，2011，32（2）：29-32.

[23] LI H J，SUITO H，TOKUDA M. Thermodynamic analysis of slag recycling using a siag regenerator [J]. ISIJ International，1995，35（9）：1079-1088.

[24] ISHIKAWA M. Reduction behaviors of hot metal dephosphorization slag in a slag regenerator [J]. ISIJ International，2006，46（4）：530-538.

[25] JUNG S M，DO Y J，CHOI J H. Reduction behaviour of BOF type slags by solid carbon [J]. Steel research international，2006，77（5）：305-311.

[26] JIANG M，CUI Y，WANG D，et al. Effect of modification treatment for reduction of dephosphorization slag in hot metal bath [J]. Journal of Iron and Steel Research International，2013，20（1）：1-6.

[27] 周朝刚，杨会泽，艾立群，等. 转炉含磷钢渣循环利用技术的研究现状及展 [J]. 钢铁，2021，56（2）：22-39.

[28] 王书桓，吴艳青，刘新生，等. 硅还原转炉熔渣气化脱磷实验研究 [J]. 钢铁，2008，24（1）：31-34.

[29] KUBO H，MATSUBAE-YOKOYAMA K，NAGASAKA T. Magnetic separation of phosphorus enriched phase from multiphase dephosphorization slag [J]. ISIJ international，2010，50（1）：59-64.

[30] LIN L，BAO Y P，WANG M，et al. Influence of SiO_2 modification on phosphorus enrichment in P bearing steelmaking slag [J]. Ironmaking & Steelmaking，2013，40（7）：521-527.

[31] DIAO J，XIE B，WANG Y，et al. Recovery of phosphorus from dephosphorization slag produced by duplex high phosphorus hot metal refining [J]. ISIJ international，2012，52（6）：955-959.

[32] ONO H，INAGKAI A，MASUI T，et al. Removal of phosphorus from LD converter slag by floating separation of dicalcium silicate during solidification [J]. Transactions of the Iron and Steel Institute of Japan，1981，21（2）：135-144.

[33] ZHANG Y，MUHAMMED M. The removal of phosphorus from iron ore by leaching with nitric acid [J]. Hydrometallurgy，1989，21（3）：255-275.

[34] XIA W，REN Z，GAO Y. Removal of phosphorus from high phosphorus iron ores by selective HCl leaching method [J]. Journal of Iron and Steel Research International，2011，18（5）：1-4.

[35] NUMATA M，MARUOKA N，KIM S J，et al. Fundamental experiment to extract phosphorous selectively from steelmaking slag by leaching [J]. ISIJ International，2014，

54 (8): 1983-1990.

[36] SUGIYAMA S, IOKA D, HAYASHI T, et al. Recovery of Phosphate from Unused Resources [J]. Phosphorus Research Bulletin, 2011, (25): 18-22.

[37] SUGIYAMA S, SHINOMIYA I, KITORA R, et al. Recovery and enrichment of phosphorus from the nitric acid extract of dephosphorization slag [J]. Journal of Chemical Engineering of Japan, 2014, 47 (6): 483-487.

[38] TERATOKO T, MARUOKA N, SHIBATA H, et al. Dissolution behavior of dicalcium silicate and tricalcium phosphate solid solution and other phases of steelmaking slag in an aqueous solution [J]. High Temperature Materials and Processes, 2012, 31 (4-5): 329-338.

[39] ZHANG X, MATSUURA H, TSUKIHASHI F. Dissolution mechanism of various elements into seawater for recycling of steelmaking slag [J]. ISIJ International, 2012, 52 (5): 928-933.

[40] RECILLAS S, RODRíGUEZ-LUGO V, MONTERO M L, et al. Studies on the precipitation behaviour of calcium phosphate solutions [J]. Journal of Ceramic Processing Research, 2012, 13 (1): 5-10.

[41] ALAHRACHE S, WINNEFELD F, CHAMPENOIS J B, et al. Chemical activation of hybrid binders based on siliceous fly ash and Portland cement [J]. Cement and Concrete Composites, 2016, 66: 10-23.

[42] MAURER M, BOLLER M. Modelling of phosphorus precipitation in wastewater treatment plants with enhanced biological phosphorus removal [J]. Water Science and Technology, 1999, 39 (1): 147-163.

[43] FOX L E. A model for inorganic control of phosphate concentrations in river waters [J]. Geochimica et Cosmochimica Acta, 1989, 53 (2): 417-428.

[44] LEE W J, FANG T T. The effect of the molar ratio of cations and citric acid on the synthesis of barium ferrite using a citrate process [J]. Journal of Materials Science, 1995, 30: 4349-4354.

[45] KUSHMERICK M J, DILLON P F, MEYER R A, et al. 31P NMR spectroscopy, chemical analysis, and free Mg^{2+} of rabbit bladder and uterine smooth muscle [J]. Journal of Biological Chemistry, 1986, 261 (31): 14420-14429.

[46] 卢翔, 李宇, 马帅, 等. 利用显热对熔渣进行直接改质的热平衡分析及试验验证 [J]. 工程科学学报, 2016, 38 (10): 1386-1392.

[47] 张光宗. 转炉初渣中石灰石分解与溶解行为的研究 [D]. 沈阳: 东北大学, 2016.